U1021466

远方旅游
JOURNEY TO HEART

"十四五"职业教育国家规划教材
中等职业教育专业技能课教材
中等职业教育中餐烹饪专业系列教材

中式烹调技艺

ZHONGSHI PENGTIAO JIYI（第2版）

主　编　许启东
副主编　胡　阳　吴子彪　夏海龙

重庆大学出版社

内容提要

“中式烹调技艺”是烹饪专业的核心课程。本书主要内容包括“中餐烹调概述”“烹饪原料的初步热处理”“火候”“调味”“制汤”“上浆、挂糊、勾芡”“热菜烹调方法”“热菜装盘”“宴席知识”等内容。

本书从专业理念、职业素养、中国餐饮业的现状和发展趋势入手，系统地阐述了中式烹调技艺的内涵。本书介绍了菜肴制作过程中如何对原料进行处理，如何掌握火候并对其进行正确运用；如何调制鲜美可口的鲜汤并运用于菜肴；如何对原料进行上浆、挂糊、勾芡等；如何正确掌握常用的各种烹调方法并运用于实际操作；如何对烹调好的菜肴进行装盘，以及如何在了解宴席种类的前提下，设计出符合成本核算、体现风格特色、内容丰富、主题突出、营养卫生、适合不同顾客群体需求的宴席菜单等内容。

图书在版编目(CIP)数据

中式烹调技艺 / 许启东主编. -- 2版. -- 重庆：重庆大学出版社，2021.9（2024.7重印）
中等职业教育中餐烹饪专业系列教材
ISBN 978-7-5624-9361-7

Ⅰ. ①中… Ⅱ. ①许… Ⅲ. ①中式菜肴—烹饪—中等专业学校—教材 Ⅳ. ①TS972.117

中国版本图书馆CIP数据核字（2021）第179396号

中等职业教育专业技能课教材
中等职业教育中餐烹饪专业系列教材

中式烹调技艺（第2版）

主　编　许启东
副主编　胡　阳　吴子彪　夏海龙
策划编辑：龙沛瑶
责任编辑：张红梅　　版式设计：龙沛瑶
责任校对：关德强　　责任印制：张　策

*

重庆大学出版社出版发行
出版人：陈晓阳
社址：重庆市沙坪坝区大学城西路21号
邮编：401331
电话：（023）88617190　88617185（中小学）
传真：（023）88617186　88617166
网址：http://www.cqup.com.cn
邮箱：fxk@cqup.com.cn（营销中心）
全国新华书店经销
重庆升光电力印务有限公司印刷

*

开本：787mm×1092mm　1/16　印张：9　字数：227千
2015年9月第1版　2021年9月第2版　2024年7月第7次印刷
印数：16 001—18 000
ISBN 978-7-5624-9361-7　定价：39.00元

中等职业教育中餐烹饪专业系列教材

主要编写学校

北京市劲松职业高级中学
北京市外事学校
上海市商贸旅游学校
上海市第二轻工业学校
广州市旅游商务职业学校
江苏旅游职业学院
扬州大学旅游烹饪学院
河北师范大学旅游学院
青岛烹饪职业学校
海南省商业学校
宁波市古林职业高级中学
云南省通海县职业高级中学
安徽省徽州学校
重庆市旅游学校
重庆商务职业学院

出版说明

2012年3月19日教育部职成司印发《关于开展中等职业教育专业技能课教材选题立项工作的通知》（教职成司函〔2012〕35号），我社高度重视，根据通知精神认真组织申报，与全国40余家职教教材出版基地和有关行业出版社积极竞争。同年6月18日教育部职业教育与成人教育司致函（教职成司函〔2012〕95号）重庆大学出版社，批准重庆大学出版社立项建设中餐烹饪专业中等职业教育专业技能课教材。这一选题获批立项后，作为国家一级出版社和教育部职教教材出版基地的重庆大学出版社珍惜机会，统筹协调，主动对接全国餐饮职业教育教学指导委员会（以下简称“全国餐饮行指委”），在编写学校邀请、主编遴选、编写创新等环节认真策划，投入大量精力，扎实有序推进各项工作。

在全国餐饮行指委的大力支持和指导下，我社面向全国邀请了中等职业学校中餐烹饪专业教学标准起草专家、餐饮行指委委员和委员所在学校的烹饪专家学者、一线骨干教师，以及餐饮企业专业人士，于2013年12月在重庆召开了“中等职业教育中餐烹饪专业立项教材编写会议”，来自全国15所学校30多名校领导、餐饮行指委委员、专业主任和一线骨干教师参加了会议。会议依据《中等职业学校中餐烹饪专业教学标准》，商讨确定了25种立项教材的书名、主编人选、编写体例、样章、编写要求，以及配套电子教学资源制作等一系列事宜，启动了书稿的撰写工作。

2014年4月为解决立项教材各书编写内容交叉重复、编写体例不规范统一、编写理念偏差等问题，以及为保证本套立项教材的编写质量，我社在北京组织召开了“中等职业教育中餐烹饪专业立项教材审定会议”。会议邀请了时任全国餐饮行指委秘书长桑建先生、扬州大学旅游烹饪学院路新国教授、北京联合大学旅游学院副院长王美萍教授和北京外事学校高级教师邓柏庚组成审稿专家组对各本教材编写大纲和初稿进行了认真审定，对内容交叉重复的教材在编写内容划分、表述侧重点等方面作了明确界定，要求各门课程教材的知识内容及教学课时，要依据全国餐饮行指委研制、教育部审定的《中等职业学校中餐烹饪专业教学标准》严格执行，配套各本教材的电子教学资源坚持原创、尽量丰富，以便学校师生使用。

本套立项教材的书稿按出版计划陆续交到出版社后，我社随即安排精干力量对书稿的编辑加工、三审三校、排版印制等环节严格把关，精心安排，以保证教材的出版质量。此套立项教材第 1 版于 2015 年 5 月陆续出版发行，受到了全国广大职业院校师生的广泛欢迎及积极选用，产生了较好的社会影响。

在此套立项教材大部分使用 4 年多的基础上，为适应新时代要求，紧跟烹饪行业发展趋势和人才需求，及时将产业发展的新技术、新工艺、新规范纳入教材内容，经出版社认真研究于 2020 年 3 月整体启动了此套教材的第 2 版全新修订工作。第 2 版修订结合学校教材使用反馈情况，在立德树人、课程思政、中职教育类型特点，以及教材的校企“双元”合作开发、新形态立体化、新型活页式、工作手册式、1+X 书证融通等方面做出积极探索实践，并始终坚持质量第一，内容原创优先，不断增强教材的适应性和先进性。

在本套教材的策划组织、立项申请、编写协调、修订再版等过程中，得到教育部职成司的信任、全国餐饮职业教育教学指导委员会的指导，还得到众多餐饮烹饪专家、各参编学校领导和老师们的大力支持，在此一并表示衷心感谢！我们相信此套立项教材的全新修订再版会继续得到全国中职学校烹饪专业师生的广泛欢迎，也诚恳希望各位读者多提改进意见，以便我们在今后继续修订完善。

重庆大学出版社

2021 年 7 月

前言

（第2版）

根据重庆大学出版社《关于中职中餐系列教材第二版整体修订的通知》，本书在第1版的基础上进行了修订。本书是中等职业教育中餐烹饪专业配套教学用书，这次修订根据我国职业教育发展现状，在充分调研中国餐饮市场的发展状况和趋势的基础上，参考了历次出版的同类教材、餐饮行业国家技能鉴定规范及中式烹调师中级工考核标准，结合了历年教学中的成功经验及一些先进的专业理念和技术。

中式烹调技艺是中等职业教育中餐烹饪专业的一门专业方向课程，更是该专业的核心技术课程。其任务是讲授中餐烹调专业所涉及的专业基础知识，使学生在掌握专业基础理论知识的基础上掌握操作技能；培养学生运用所学烹调基础知识来解决烹调过程中实际问题的能力，为学生继续深造和适应职业岗位转换奠定必要的知识和技能基础。

本书增加了近年来餐饮业最新研究成果，专门就常见烹调方法制作了视频，还增加了实例、案例等，教学目标明确，更有利于学生对技能的掌握。

根据党的二十大报告，为体现“实施科教兴国战略，强化现代化建设人才支撑，引导广大人才爱党报国、敬业奉献、服务人民。完善人才战略布局，努力培养造就更多大师、战略科学家、一流科技领军人才和创新团队、青年科技人才、卓越工程师、大国工匠、高技能人才”的精神，编者在教材修改时注重融入、贯穿了爱党爱国、热爱专业、职业操守、精益求精等思政内容，旨在引导学生树立正确的人生观、价值观，成为热爱中国共产党、立志报效祖国、贡献社会的高技能人才。

本书分工如下：安徽省徽州学校高级教师、全国餐饮业教育教学指导委员会委员许启东老师担任主编并负责模块1、2、6、8、9的修订工作（模块2、6、9的编写工作原来由上海市商贸旅游学校蔡圣明老师担任，此次修订工作因身体原因未能全程参与，但蔡老师提出很多建设性建议，并共同负责审稿）。安徽省绩溪县胡氏宴酒业、天津胡氏宴酒楼董事长胡阳先生担任第一副主编，全程参与修订工作，广州市旅游商务职业学校吴子彪老师、青岛烹饪职业学校夏海龙老师担任副主编并分别负责模块3、4、5、7的修订工作。中国烹饪大师、国家级·营养师吴顶旺先生，负责模块8视频制作。

这次修订是“校企合作”的一大成果，安徽省绩溪县胡氏宴酒业、天津胡氏宴酒楼全程参与并给与了大力支持。“中华餐饮名店”——安徽歙县披云山庄有限公司提供技术支持，并帮助制作了教学视频。教学视频由胡阳和方东进（披云山庄总经理）担任制片人，披云山庄形象代言人曹向忠进行授课和菜品制作。杭州西溪谷君亭酒店行政总厨吴顶旺先生负责模块5视频制作。在此一并表示感谢。

由于编者能力和水平有限，书中多有不足之处，敬请专家和广大读者提出宝贵意见。

编　者

2022年11月

前言

（第 1 版）

本书是中等职业教育中餐烹饪专业国家规划立项教材之一，是在参考历次出版的同类教材、餐饮行业国家技能鉴定规范及中式烹调师中级工考核标准的基础上，充分调研市场，结合部分学校在教学中的成功经验、现代餐饮发展状况以及餐饮业的一些先进专业理念和技术编写而成的。

“中式烹调技艺”是中等职业教育中餐烹饪专业的一门专业课程，更是该专业的核心课程。其任务是讲授中餐烹调专业所涉及的专业基础知识，使学生在掌握专业基础理论知识的基础上进行技能操作；培养学生运用所学烹调基础知识，解决烹调过程中实际问题的能力，为学生继续深造和适应职业岗位转换奠定必要的知识和技能基础。

本书增加了最新的研究成果，删除了一些繁杂的理论阐述，添加了实例、案例等，教学目标定位明确，便于学生掌握知识。

本书由安徽省徽州学校高级教师、全国餐饮职业教育教学指导委员会委员许启东担任主编，安徽省绩溪县胡氏宴酒业、天津胡氏宴酒楼董事长胡阳，广州市旅游商务职业学校吴子彪，上海市商贸旅游学校蔡圣明，青岛烹饪学校夏海龙担任副主编。

本书在编写过程中得到了四川旅游学院烹饪学院副院长，从事中国饮食文化教学与科研工作，在饮食文化应用研究、烹饪教育、烹饪应用研究方面取得了显著的研究成果，积累了丰富研究经验的李想教授的指导，另外得到了“中华餐饮名店”——安徽歙县披云山庄有限公司的技术支持，在此一并表示感谢。

由于编者能力和认识有限，书中多有不足之处，敬请专家和广大读者提出宝贵意见。

编　者

2018 年 8 月

目 录

contents

模块 1　中餐烹调概述 1

项目 1　烹调概述 …… 3
项目 2　中式菜肴的特点 …… 6
项目 3　职业素养的培养 …… 8
项目 4　中国餐饮业的发展趋势 …… 13

模块 2　宴席知识 16

项目 1　宴席的历史轨迹和作用 …… 17
项目 2　宴席的种类 …… 18
项目 3　宴席菜肴的配置方法 …… 20
项目 4　宴席菜肴上菜顺序及宴席菜单设计的基本要求 …… 21

模块 3　烹饪原料的初步热处理 24

项目 1　焯水 …… 25
项目 2　过油 …… 31
项目 3　走红 …… 34
项目 4　汽蒸 …… 37

模块 4　火候 41

项目 1　火候概述 …… 42
项目 2　传热 …… 45
项目 3　原料受热后的变化 …… 49

目 录

contents

模块 5 调味 53

项目 1 味和味觉的种类、调味特点和芡色运用 …… 54

项目 2 调味的要求、原则和调味方式 …… 58

模块 6 上浆、挂糊、勾芡 63

项目 1 上浆 …… 64

项目 2 挂糊 …… 69

项目 3 勾芡 …… 72

模块 7 热菜烹调方法 78

项目 1 水烹法 …… 80

项目 2 油烹法 …… 91

项目 3 汽烹法 …… 103

项目 4 其他烹调方法 …… 107

模块 8 制汤 113

项目 1 制汤的意义、高汤的作用和分类 …… 114

项目 2 制汤的原理 …… 115

项目 3 高汤制作要领 …… 117

项目 4 高汤制作方法 …… 118

项目 5 制汤实例 …… 121

目录

contents

模块 9 热菜装盘 123

项目 1 热菜装盘的基本要求 …… 124
项目 2 盛器的种类和用途 …… 125
项目 3 盛器与菜肴的搭配原则 …… 126

参考文献 …… 128

模块 1

中餐烹调概述

[模块导学]

“吃”，是人类的第一生活要素。在中国，吃，更是被人们赋予了浓厚的感情色彩。古人说得好，“民以食为天”，老百姓说得更直白，“开门七件事，柴米油盐酱醋茶”。这些朴素的话语，折射出了中国人对“吃”的重视。也正因如此，中国人在世界文明史上创造了举世瞩目的中国饮食文化，奠定了我国“烹饪王国”的地位。当今世界饮食文化的两大体系，即以中国菜为代表的“东方饮食体系”——中餐和以法国菜为代表的“西方饮食体系”——西餐，中餐在传播范围、风格魅力、口味变化等方面都远远超过西餐。其烹调技艺之精湛、品类之繁多、风味之独特、质地之优良、料理之精细，无不体现中国菜的色、香、味、形、意、器、养等丰富的外在和深刻的内涵。《美食中国》《舌尖上的中国》等美食文化纪录片广受欢迎，风靡全国，甚至跨出国门，走向世界，这也从侧面反映出了中国烹饪的魅力。

在经济高度发展的当下，我们有责任把中国的烹调技艺进一步继承和发扬，使传统的中式烹调技艺向科学化、标准化加速迈进，达到更高的层面，使这一优秀的传统文化更好地发挥其独特的魅力。

[教学目标]

【知识教学目标】

1. 了解烹调的概念。
2. 熟悉烹调的作用。
3. 了解中国菜的特点。
4. 了解中国餐饮业的发展趋势。
5. 掌握职业素养的内容。

【能力培养目标】

1. 对中式烹调有一个基本认识。
2. 对中国菜有一个基本了解。
3. 自觉培养综合素养，为今后的职业生涯打好基础。

【职业情感目标】

1. 培养对中式烹调技艺的自豪感。
2. 培养对继承、发扬中国烹饪文化的使命感、责任感。

[案例导入]

我们每天在家里吃着香喷喷的饭菜，已经习以为常，有时还会对菜肴挑三拣四。很少有人，尤其是孩子会关注家人为此付出的努力。其实，料理一日三餐，是最基础也是很烦琐的烹调内容，要为此花费大量的心血和付出辛勤的劳动。一个家庭饭菜的质量对家人的日常生活和身体健康有着很大的影响。

酒店的烹调，其内容更加复杂，技术要求也更高。因为酒店的饭菜供应的对象是社会全体，是为大众服务的，因此，对社会的影响力大。

相信大家都有这样的感觉，同样一道菜品，家里做的和酒店做的感觉不一样，为什么呢？

[任务布置]

要学好中餐烹调技艺，首先要对烹调的概念、内涵和作用有基本的了解，对中国菜的特点要加以掌握，要把握好餐饮的规律和发展趋势，树立对中餐烹调的历史责任感和使命感，以极大的热情投入到中式烹调技艺的专业学习中。

[任务实施]

项目 1　烹调概述

烹调是菜肴制作的一项专门技艺，包含“烹”“调”以及“烹与调的完美组合”3 个方面的含义，三者既有各自的内涵，又是一个完整统一的结合体。

1.1.1　烹调的概念

1）烹

烹，就是烹制。古有“以木巽火，烹饪也”之说，巽，八卦之一。代表风，巽为木，为风。意为借助风以木点火，就是加热的意思，古人的理解非常直观，烹就是加热。现代的完整意思，烹就是运用各种加热手段，使原料由生到熟，形成有一定质感、形态、香气的食物的过程。烹制方法以其形式和传热介质可分为“火烹法”“水烹法”“油烹法”“汽烹法”和“电磁波烹法”“固体烹法”“其他烹法”等方式。

2）调

调，烹调中的调就是调和滋味，指根据原料的性状和菜品的质量要求，有针对性地运用各种调味料和调味方法，使菜肴具有一定的滋味、香气和色彩。从调味的目的来看，主要有调味、调香和调色等基本方法。

3）烹调

烹调，就是指将经过初加工的烹饪原料，通过加热和调味，制成完整菜肴的过程。烹与调之间的有机配合，决定了菜肴完成后的品质。

1.1.2　烹调的作用

1）烹的作用

（1）杀菌消毒，保障食品安全

自然界中的烹饪原料，不可避免地会受到各种寄生虫、虫卵、毒素等因素的侵扰，对人体会造成危害。如蛔虫、钩虫、苍蝇及其卵等，是常见危害人类健康的寄生虫类；另外，在某些烹饪原料中还含有危害人体的毒素，如四季豆中含有皂素、鲜黄花菜中含有秋水仙碱等，对人体均有一定的危害，而这些寄生虫、虫卵、毒素均不耐高温，据测定，100 ℃高温即可对其进行杀灭或分解，可消除对人体的危害。因此，对烹饪原料进行加热，即可起到杀菌消毒的作用，从而保障人们的饮食安全。

（2）分解原料中的养分，便于人体的消化吸收

维持人体正常生理机能的运转、机体生长和体能消耗等所需要的蛋白质、脂肪、糖类、矿物质、维生素等营养素，广泛存在于各类烹饪原料中。但是，它们大都以各种复杂的化合物形式存在，除了少量的营养素如水溶性维生素、单糖等及少量的矿物质等能被人体直接吸收外，大部分是人体无法或难以对其进行分解从而影响消化和吸收的，而加热则可以使烹饪原料发生复杂的物理变化和化学变化，能使烹饪原料进行较大程度的分解，进而方便人体对这些营养素的吸收和利用。如蛋白质加热后，会发生凝固现象，即蛋白质分子从溶液中凝结出来，这种变化又称变性，会使蛋白质的分子结构的空间构型被破坏，同时，一部分蛋白质溶于水中成为汤；淀粉在 53 ℃以上时，其物理性能发生明显变化。淀粉在高温下溶胀、分裂形成均匀糊状溶液，称为糊化。这些变化实际上都对原料进行了一定程度的分解，都利于人体对这些营养素的消化和吸收。

实例：在中国民间，很多地方都有给哺乳期的妇女熬鱼汤、炖老母鸡汤进补的习俗，其效果非常好，就是因为熬汤时鱼和鸡体中的营养和有效成分会溶于汤中，这些营养和有效成分很容易被人体吸收。

（3）生成香气，促进食欲和美味

大多数烹饪原料，尤其是动物类原料未加热前是没有香气的，但经过加热会逸出各种诱人的香气，如烤熟的面包、蛋糕等，香气四溢。这是因为在烹饪原料中含有脂肪族化合物、芳香族化合物、含硫化合物、含氮化合物和环烃化合物等呈香物质，这些呈香物质的一部分会随着原料的分解而挥发出来产生香气，还有一部分会发生各种化学变化和物理变化变成某种芳香物质。这样一来，成熟的食品就会散发出各种诱人的香味，使人们食欲大增。

案例：相信大家都有这样的体验，遍布大街小巷的烧烤摊，使人们很远就会闻到诱人的香气，令人垂涎欲滴，胃口大开。这就是烹饪原料经加热挥发出的各种香气所产生的效果。

（4）合成滋味，形成复合美味

每一种烹饪原料都有其独有的滋味，没加热前，这些滋味都以分子形式单独存在于原料中，即使将每种原料放在一起，这些原料的滋味也不会相互融合。这是因为物质中的分子是处在运动中的，而分子运动又与热量关系密切，热量越大，分子运动越激烈。因此，把两种或两种以上的烹饪原料放在一起，再加上水、油，用蒸汽等加热，随着分子运动的加快，这些原料彼此间的滋味就会相互融合而产生新的复合美味。如中国的传统美食——粽子，熟制后，原来的主要原料糯米中就会有各种辅料、调料的味道，而且还有粽叶独有的清香，因而粽子流传几千年，一直深受人们喜爱。

（5）增色美形，美化外观形态

通过加热，可极大地丰富菜肴的外观，使菜肴的色彩、形态更加美观、漂亮。原料经加热后，其形状、色彩会发生各种变化，利用这些变化，巧妙地运用各种加热手段，掌握好加热时机，就会使菜肴呈现出各种美观的外形和色彩。如各种油炸菜肴，由于原料表面部分焦化，会呈现出浅黄、金黄、深黄等色彩；鸡蛋的蛋白，没加热前是透明的，但加热后，由于其蛋白质变性和凝固，会呈现出洁白的颜色，而且，加热液态鸡蛋时，可在加热时运用各种手段使其变成各种形状，如蛋花、蛋黄糕、煮鸡蛋、荷包蛋等；虾蟹类体内含有虾青素，以与蛋白质结合的形式存在，加热后，蛋白质变性凝固，虾青素溶出，呈现出鲜艳的红色，非常美观。

（6）丰富菜肴的质感

菜肴美味的内涵，除来自菜肴的各种独特而诱人的味道外，还有一个很重要的因素，就是在品尝菜肴时呈现的各种各样不同的口感；或滑嫩、或脆爽、或焦酥、或绵软，这些不同的口味给人们带来了极大的愉悦感，最大限度地提升了菜肴的魅力。而这些美妙的口感，主要是在对原料进行加热时，采取了有针对性的加热处理。如对鸡进行长时间的焖、炖，其肉质就会给人软烂、多汁的口感，用快速、短时的滑炒方式处理肉片，菜肴就会给人滑嫩、清鲜的口感；烤羊肉串给人们带来的则是焦香脆滑、酥润鲜美的口感。因此，烹能丰富菜肴的质感。

2）调的作用

（1）去除异味

在烹饪原料中，特别是动物性原料，有较多的腥、膻、臭、臊、油腻等不良异味，用加热的手段，只能将其去除一部分，但运用调料或调味手段再结合加热，则可将这些异味消除、减弱或掩盖，并将原料中的特有美味调制出来。这主要通过三种方式进行：一是利用酸碱平衡原理，大多数腥、膻、臭等异味均为碱性物质，用醋等酸性调料加以中和可达到去腥的效果；二是溶解挥发，大多数腥、膻、臭等异味都易溶于酒精，遇热便挥发了，同样能去除异味；三是掩盖原理，通过辣味、姜、葱、香料等较重的味道，将异味加以掩盖，去异味的效果也很好；常见的烹制鱼、鸡等荤菜类菜肴，都要放葱、姜、蒜等调料，就是这个道理。这样，通过调料和调味手段，便可对原料中的异味进行有效去除。

（2）确定口味

菜肴鲜美的味道，是由调料中的咸、鲜、香、酸、甜、苦、辣等味道复合而成的，制作菜肴时，将各种调料按一定的标准配伍进行烹调，就会呈现出丰富多彩的特色口味。如同样是鲤鱼，原料相同，如果用盐、酱油为主要调料，烹制处理的菜肴就是咸鲜香醇的红烧鲤鱼；如果用糖和醋为主要调料，则为酸甜适口的糖醋鲤鱼。所以，调能最后确定菜肴的口味。

（3）增进美味

原料中都有特定的本味，但是不经过调味，很多本味无法得到很好的体现，如肉类中的鲜味，如没有盐来提鲜，则肉的鲜味就无法体现，所谓“无咸不鲜”就是这个道理。糖醋鲤鱼这道菜，一般用糖和醋调制酸甜味，但是，如果添加番茄酱进行调制，则鲤鱼不但酸甜适口，而且增加了番茄特有的香甜，味道更加诱人。香气四溢的烤羊肉串，其香味则主要是由孜然调出来的。因此，调能使菜肴增加各种丰富多彩的味道。

（4）增进色彩

很多调料都有自己特有的色彩，这些色彩在调的时候作用于菜肴，则会使菜肴显得五彩缤纷。如红烧类的菜肴，由于使用酱油及各种酱制品、红曲米、焦糖色等进行调制，会呈现出以红棕色、酱红色等为主色调的颜色，这是中国人日常菜肴的色调；还有辣椒油、番茄酱的红色，咖喱、孜然的黄色以及各种天然色素、食用色素等所具有的各种颜色，在对菜肴进行调制时，都能使菜肴的颜色更加丰富多彩。

项目2　中式菜肴的特点

中式菜肴经过几千年的传承发展，随着社会的发展而不断前进，不同于世界其他国家菜品的是，中式菜肴不仅丰富了人们的物质生活，而且对中国人的精神生活也产生了巨大的影响，中国人的饮食文化、酒文化在世界上是独树一帜的。正因为如此，中式菜肴不仅民族风格特色鲜明，而且形成了以风味特色为主体、具有明显的地域特征、流派众多、庞大而统一的综合体系。中式菜肴具有如下特点。

1.2.1　注重选料

中式菜肴非常注重对烹饪原料的选用，中式烹调技艺把选料看成菜肴制作成功的重要前提。在中国烹饪史上占有极其重要地位的《随园食单》中就总结出“凡物各有先天，如人各有资禀。……物性不良，虽易牙烹之，亦元味也……大抵一席佳肴，司厨之功居其六，买办之功居其四”。人们在实践中体会到选料的重要性。因此，中式烹调对选料非常严格，对原料的鲜活度、季节性、部位、产地、规格等均有明确的要求。如“清炖鸡”，要求选用两年以上的老母鸡，而且必须是自然放养的原生态土鸡，这样才能保证菜肴的鲜醇；而“炒仔鸡”，则是选用一年之内的雏公鸡，以突出其嫩脆；“酸菜鱼”，以选用刺少肉嫩的黑鱼为最佳；闻名遐迩的“阳澄湖大闸蟹”，被称为清水大闸蟹，体大膘肥，青壳白肚，金爪黄毛，肉质鲜美，更是广大食客的首选。

1.2.2　讲究刀工

刀工是中式烹调技艺中最重要的基本功之一，厨师学艺大都从刀工开始，刀工水平基本决定菜肴成型的美观程度、菜肴成熟的均匀度。中式菜肴注重菜肴的成型，把它作为菜肴质量高低的一个重要评判标准。中国的刀功技法是世界上最具水平的刀法，不仅刀法多、要求高，在运用时还必须根据原料的特性和菜肴的质量要求，有针对性地使用各种刀工技法，为中式菜肴增添了许多魅力。如能穿过针眼的“大煮干丝”，比头发还细的“文思豆腐”，能映出文字的“灯影牛肉”，经过“整鸭去骨”处理后制成葫芦形的“葫芦鸭”，用花刀处理形成的麦穗花型、荔枝花型，还有众多的仿自然形态的花、鸟、鱼、虫等各式造型，使人们在惊叹中国菜做工精巧的同时，不禁对中式烹调的高超水平产生由衷的敬意。

1.2.3　配料巧妙

大部分中式菜肴均使用两种或两种以上的原料进行组配，如“青椒炒肉片”“板栗烧鸡”等。两种或两种以上的原料进行组配，首先在口感上比较丰富，使品尝效果更加有趣味性；

其次，色彩上也能互相衬托，使菜肴更加好看；最后，更内在的原因是菜肴的口味会有绝妙的提高，因为在原料配伍时，中式菜肴非常注重把互相融味后能使味道得以提升的原料组合在一起，使复合后的味道比单一原料的味道更加美妙。而且，原料之间的有机组合，会使菜肴的营养配伍科学化、合理化，营养价值就会大大提高，以体现中式菜肴讲究养生的传统理念。因此，中式菜肴在设计时非常注重原料的形状、色彩、质地、口味、营养等方面的有机组合，从而使中式菜肴更加趣味无穷。

1.2.4 技法多样

中式烹调技艺不仅起源早，而且种类多、分类细。常见的热菜烹调方法就有几十种，还有十几种冷菜的烹调方法，很多烹调方法还有分类，如最常见的热菜烹调方法——烧，就包括“红烧”“白烧”“干烧”“生烧”“徽式烧”等，还有地方菜系独有的技法如“泥烤”“炭烧”“煲仔”“竹筒烧”“火锅”“干锅”“铁板烧”等。烹调方法的多样性，使中式菜肴更好地体现出口味丰富、形态多样、色彩缤纷的强大魅力。

1.2.5 菜品繁多

经过几千年的传承和发展，中式菜肴已形成比较成熟、规模庞大的综合体系。以风味为主体的地方菜系就有 20 多种，还有寺院菜（素菜）、清真菜、官府菜、少数民族菜为补充，以我国富饶的物产为后盾，以高超的烹调技艺为表现形式，中式菜肴的品种达一万以上，新的菜品还在不断涌现，向全世界展现出了一幅浩瀚灿烂、绚丽多彩的社会画卷。

1.2.6 味型丰富

中式菜肴的灵魂就是口味。《舌尖上的中国》系列已经成为中国原创纪录片的超级大 IP，这部作品掀起的收视热潮是中国纪录片产业“入春”的转折点。它之所以能吸引无数中外观众的眼球，就是因为紧紧抓住了“味道”这个灵魂。中国人对口味的追求是永无止境的，为美味付出的努力和汗水堪称世界无双，“拼死吃河豚”一说，最能反映出美味对中国人的极大诱惑力。

中国幅员辽阔，人口众多，在长期的饮食生活中，地域差异、季节变化和习俗不同，造就了中式菜肴最为丰富多样的味型。普遍说法是“北咸南淡、西辣东甜”，这只是大框架的划分，就现已成型的 20 多个地方菜系来说，每个菜系都有区分于其他菜系的典型风味特征。如淮扬菜的清鲜、川菜的麻辣、鲁菜的厚重、粤菜的生猛等，风味独特，特征鲜明，并且，随着社会的发展，人们对口味的不断追求，中式菜肴的味型还在继续推陈出新，不断探索。可以说，中式菜肴的味型多样，是世界上任何一个国家都无法比拟的。

1.2.7 注重火候

中式烹调技艺对菜肴成熟阶段所运用的关键技术就是火候，在烹制菜肴时，加热的时间长短和火力的大小，直接决定菜肴的质地和口感，也就直接影响人们品尝美味时的感觉，可以说火候对菜肴的质量影响非常大。比如，旺火短时间加热的菜肴，其质地往往以嫩、脆、滑、爽为多；而长时间小火的加热方式所体现出的质地则是以软、烂、醇、绵为常见。正因为火候的关键作用和重要地位，中国人经常把对一个人经验和能力大小用“火候”来描述：如“年轻人办事还差把火”“这个人办事火候老到”等。中式菜肴正是在烹制菜肴时能够根据菜肴的质量要求和食材的特性，巧妙地运用各种火候并施以各种美味，给大众呈现了众多脍炙人口、精彩纷呈的美味佳肴。

1.2.8 追求意境

中式菜肴比较看重完美，不仅有色、香、味、形、养等要求，而且要求菜肴能体现一定的意境，在菜肴中包含人们的感情色彩，如向往、纪念、喜庆、祝福等，有一定的文化内涵。为达到这一目的，除了对菜肴本身精益求精外，还在盛装菜肴的器皿、菜肴的取名上都有很大的讲究，特别是在器皿上，中餐的器皿品种众多、质地精良，美味佳肴配上精美的器皿，如红花绿叶，相得益彰，达到完美的组合，更好地把菜肴中所要表达的内涵最大限度地体现出来，力求在各方面达到和谐统一，给人们提供最愉悦的用餐享受。

案例：现在餐饮业开始红火的“主题餐厅”，就是追求意境的一种典型表现。所谓“主题餐厅”，就是以主题为吸引标志，围绕既定的主题来营造餐厅的经营气氛，让顾客在就餐的同时，感受到“主题”带来的美食艺术。

1.2.9 医食同源

《黄帝内经·素问》提出：“五谷为养，五果为助，五畜为益，五菜为充。气味合而服之，以补精益气。”这是中国最早见于文字记载的食疗理论，中国优秀传统饮食文化的一个重要内容就是食疗养生理念，在中国人心目中，食材不仅能提供营养，而且具有保健、养生、防治疾病的功效，运用中医学的原理有针对性地使用食材，就能在品尝美味的同时防治疾病、强身健体。如传统的“药膳”“保健食品”就是典型的代表。唐朝大医圣孙思邈就著有《养老食疗》16个方子；明代医学家李时珍更直接地说出：“饮食者，人之命脉也！”当今中国，随着经济的高度发展，人们的生活水平和质量不断提高，绿色、健康、养生、原生态的饮食风尚越来越深入人心。在科技高度发展的今天，如何进一步发展中国传统的食疗理念，使美食与强健中国人的体质更好地结合，具有重大意义。

项目3 职业素养的培养

职业素养是指职业内在的规范、要求以及提升，是在职业过程中表现出来的综合品质。培养职业素养最重要的一点就是要把个人价值观和企业价值观相衔接，使目标一致。职业素养不仅包含职业道德、职业技能、职业行为、职业作风和职业意识规范；还包含时间管理能力提升、有效沟通能力提升、团队协作能力提升、敬业精神、团队精神等。党的十九大报告提出：建设知识型、技能型、创新型劳动者大军，弘扬劳模精神和工匠精神，营造劳动光荣的社会风尚和精益求精的敬业风气。报告中提出的“工匠精神”，就是对职业素养做出的最好诠释。

1.3.1 热爱专业，在专业发展和企业发展中实现人生价值

1）树立专业兴趣、热爱烹饪专业

烹调技艺是专业技术的一个门类，从个人角度来讲，就是从事餐饮加工和生产的人群立足社会的谋生工具。对于即将要从事烹饪专业工作的人来说，首先要了解自己专业的性质、内容、社会地位和发展前景，更重要的是，对自己今后所从事的专业要有敬爱之心。人类对知识的追求，兴趣永远是最大的动力，只有对烹饪专业产生了浓厚的兴趣，才会积极主动地去学习它，进而才会对烹饪专业发自内心地热爱和尊敬，才能真正学好它。

2）培养正确的工作态度

（1）要把职业当成自己的事业

职业虽然是谋生的工具，但是要正确地认识到，从社会角度看，职业是社会发展的原动力之一，因为职业是生产力的具体体现。从哲学的观点看，生产力就是人们进行生产活动的能力，是人类社会发展的根本动力，它是人们进行物质生产和精神生产的基本物质基础条件。构成生产力的基本要素是以生产工具为主的劳动资料，引入生产过程的劳动对象，具有一定生产经验与劳动技能的劳动者。它是社会发展的内在动力基础。因此，职业能力的高低，决定从业者对社会贡献的大小，从烹饪专业的角度来看，就是对中国饮食文化发展做出贡献的大小。因此，从事烹饪专业的工作，同样是为祖国建设贡献力量的一项光荣和伟大的事业。

（2）要有一种使命感

人类创造历史，千千万万的劳动者用智慧和汗水在书写着历史，同样，历史也同时记载了人类奋斗、成长的每一个脚印。中式烹饪的先辈们通过不懈努力，创造了灿烂辉煌的中国饮食文化，傲然屹立于世界饮食之林。现在，我们已跨入 21 世纪，中式烹饪正面临着新理念、新技术、科学化、标准化等一系列新课题的考验，需要新一代餐饮工作者为之努力和奋斗。新一代餐饮工作者要有神圣的历史使命感，勇敢地接过先辈们的担子，去书写中国饮食文化历史新的篇章。

案例：北京大董烤鸭店有限责任公司董事长、总经理，中国烹饪大师董振祥先生，从事餐饮行业 30 余年，从一个普通厨师起步，到现在的中国烹坛的风云人物，他不仅获得“世界上最好的厨师”称号，2002 年，其提出的“健康、美味、个性”的理念，对现代餐饮也起到了重要的引领作用，在烹饪技艺上形成了“大董”的品位特色，成为中国餐饮业的一面旗帜。因为“大董”始终放在心头的是一份振兴中国餐饮的使命感，正是这份神圣的使命感时刻推动、激励着“大董”在弘扬中国餐饮文化的道路上高歌奋进。

（3）用最高职业标准要求自己

要做就要做得最好，这是每一个成功者奉行的信条。同样，要想在烹饪专业取得成功，

首先要高起点、高要求，只有高标准要求自己，通过不懈努力，才能取得好成绩。

案例：小刘从职校分配到酒店实习，跟着一个姓高的炉台师傅学习，高师傅在厨房威信很高，小刘庆幸自己运气好，找了一个好师傅。不久，他发现：炉台师傅一共有6个，工作时高师傅总是最快完成任务，高师傅的炉台清洁工作都完成了，其他师傅还在忙着炒菜，而且，顾客对高师傅烹制的菜肴评价也是最好的。小刘观察了好长一段时间，却啥也看不出，问了高师傅几次，高师傅总是笑而不答，小刘只好写信问老师，老师提醒他注意观察高师傅操作时的流畅程度，尤其是每个技术动作是否简洁、是否重复，还特别告诉小刘，简洁明快的技术动作是以对菜肴的熟悉程度和师傅的技术水平为前提的。这下，小刘看出名堂了：别的师傅下调料时，有时没把握一次完成，就一次次地加，还需要试味道，而高师傅却是一次定味，从没看见他试过味道；有的师傅开油锅时，要多次判断油温，有时还要放一点原料试一下，而高师傅随手就下原料了，油温却把握得恰到好处……特别是高师傅炒完菜后，炒锅都很干净，不像别的师傅那样只洗锅就要耗费不少时间。小刘终于明白了一个道理，那就是技术是需用心掌握的，每一个环节都要做得最好，以最高标准要求自己，才能做出卓越的成绩。

（4）树立用业绩说话的理念

成功者不相信眼泪，以成败论英雄，这是社会竞争的法则。不要一味地去埋怨不公平、不合理，只要踏踏实实地去奋斗，一点一点地积累成绩，不断前进，最后，你所创造的业绩才是被社会所认可的真正价值。

案例：张强从学校分配到酒店实习一个多月了，跟着师傅在炉台上一直打下手，还没有一次上灶炒菜的机会，心里有点不是滋味。这天，炉台上的事情完成得差不多了，张强向师傅提出剩下的几个菜肴能否让自己练练手，师傅笑笑答应了。张强很高兴，自己在学校的强项就是炉台功夫，还经常得到老师的表扬。于是他信心满满地上了炉台，第一个菜，在师傅指导下成功出炉，接下来几个菜的操作，虽然还行，但张强明显感到越来越力不从心，炒锅在手上越来越重，几乎端不起来，看到师傅笑而不语地看着自己，张强突然明白了，自己的基本功太欠缺了，师傅可是在炉台上忙了近两个小时，动作照样行云流水，这个差距可不是一星半点的。不是师傅不安排自己上灶炒菜，而是自己还不能胜任这项工作。张强暗暗下定决心，一定要苦练基本功，到时用能力说话！

（5）学会感恩，回报工作

职业是谋生的手段，工作是人们赖以生存的物质基础，可以促使人们向更高的目标前进，因此，我们要学会回报工作。就烹饪专业来说，只有不断地钻研专业技术，使酒店的菜肴质量不断提高、菜肴口味广受消费者的喜爱，顾客才会不断增多，酒店的发展空间才能更为广阔；同时，酒店员工的福利会越来越好，发展空间会越来越大，还能使专业技能不断提升，工作热情高涨，还会促使酒店得到更大的发展，形成良性循环。

3）培养良好的工作道德

（1）以诚信的态度对待工作

工作场所是工作者职业生涯的平台，每一个工作者都有义务和责任去维护，只有用诚信对待工作，才能维护好这个平台，有了好平台，职业生涯的表演才会更加精彩。良好的工作环境是事业成功的强大保障。

案例：小范的教训太深刻了！小范职校毕业后，工作积极努力，专业技能进步很大，被酒店留用后很快就独当一面了，酒店也非常看好他。这时，另一家酒楼也很看重他，提出要高薪聘用，小范心动了。于是就向酒店提出辞呈，酒店在挽留不住他的情况下，提出请小范按合同规定，再做一个月，待酒店另聘人员顶上小范的岗位再走。小范没管这些，自己抬腿走人了，给酒店正常工作造成了不小的影响。为此，酒店向劳动部门申诉，要求小范赔偿酒店的损失。当小范到那家酒楼应聘时，那家酒楼却婉言谢绝了。道理很简单，小范这样是对单位不负责任，没有诚信的行为，这家酒楼也不敢聘用他，因为同样的事情难免不会发生在自己的酒楼。

（2）培养忠诚度

职场生涯，人品第一，大胜靠德、小胜靠智，诚信正直是基础。从业者要培养自己对事业和工作单位的忠诚度，要有始终如一的态度。很难想象，一个朝三暮四、这山望着那山高的从业者，用人单位怎么敢委以重任？如果连起码的信任都没有，又如何谈事业的发展！

（3）自觉遵守规章制度

规章制度是保障工作正常、有序运转的重要措施，也是每一个从业者必须要遵守的行为道德底线。要培养自觉遵守规章制度的理念，遵纪守规，才能真正融入企业中。

4）要有团队精神

团队精神是各行业都非常注重的工作精神，餐饮工作非常依赖团体的合作，一个成功菜肴产品的完成，从研发、试验到正式制作；从购买原料、初步加工、刀工处理到临灶烹制；从加工设备到盘饰器皿，需要各部门、各环节之间密切而有机的配合才能完成。餐饮工作者的团队合作意识尤为重要。团队意识的主要理念包括：①团队是个人职业成功的前提；②个人因为团队而更加强大；③学会合作；④懂得分享；⑤学会默契；⑥顾全大局。

1.3.2　热爱专业，不断提高工作技能

1）学以致用，把知识转化为职业能力

职业能力的高低，很大程度上取决于职业技能的水平，也取决于提供给从业者施展身手的平台的大小。烹饪专业始终处于不断发展的状态，这就需要不断地学习，把知识转化成技能，运用到工作中去，从业者要了解和掌握烹饪专业发展的动态，了解餐饮市场对专业的要求，要不断训练，提高专业技能，保证自己能够胜任工作。

2）养成过硬的工作作风

从业者要培养认真、细致的工作作风，不断提高工作效率。餐饮工作比较烦琐，但只要计划周密、准备充分，就能保证成功率。因此，要认真对待工作中的每一项任务，首先在思想上要重视、要掌握工作上的内在规律，要学会运用正确的工作方法并且要及时总结和提高，只有这样，工作的执行力才会不断加强，才能胜任自己的工作。

3）要有创新精神

从业者在胜任工作的基础上，要有超越的思想和创新的精神。时代在发展、专业在进

步，烹饪专业要继承，但其生命力更在于创新，只有不断创新，才能适应社会需求，才能引领时代潮流；只有走在时代前列的人，才能真正意义地笑傲职场，才能使人生的舞台更加绚丽多彩。

1.3.3 热爱专业，养成良好的职业行为习惯

职业行为习惯，是指在职场上通过长时间的学习、改变、形成，最后成为习惯的一种职场综合素质。这种良好的行为习惯是根据职场工作的特点和内在规律不断进行探索、总结出来的，能最大限度地发挥工作效率，提高办事成功率。

根据餐饮特点，在职场上需要养成以下良好的行为习惯：

①精益求精。厨房工作工种较多，一个成功的师傅，必须至少有一项工种的技术水平是突出的，在同行中是权威。同时，要一专多能，通晓其余的工作内容。因此，在工作中，要不断学习，刻苦训练，掌握过硬的本领，才能在职场占有稳固的地位。

②培养良好的工作习惯。厨房工作技术性强又比较烦琐，要注意观察，认真学习厨房管理和操作规程，掌握运行规律，理清头绪并虚心向有经验的师傅求教，摸索出一套简洁、流畅、行之有效的工作流程，最大限度地提高自己的工作效率。

③养成爱清洁讲卫生的良好习惯。卫生是餐饮业的头等大事，在工作中，要时刻注意保持个人、工位、操作工具、器皿等的卫生保洁，保持良好的工作环境。

④要有团队意识。厨房工作是一个整体，既有明确的分工，又需要密切合作；要学会正确与人沟通的方式方法，领会正确的工作意图，采取有效的配合，齐心协力，保障工作的顺利开展。

⑤养成工作“提前量”的好习惯。厨房工作非常讲究时效性，每天的工作不仅要求必须当天按时、按质的完成，更需要有提前意识，把事情做在前面，才能更有效地保证工作质量。

案例 1：小张是厨房的主案板，是个慢性子，做事总是拖拖拉拉。一天，酒店工作很忙，到了下班时间，案板的事情才刚刚忙完，小张看到大家都很累，便没布置人员把刀具磨一磨就宣布休息了。原打算第二天上班再安排人员磨刀，谁知第二天突然来了一个旅游团队用餐，工作量一下子增加了许多，结果，由于磨刀耽误了时间，大家手忙脚乱，延迟了客人的用餐时间，因此被客人投诉，酒店不得不给客人打折，使酒店的利益受到了一些损失，小张也被扣除了当月奖金。

案例 2：王强是酒店的厨师长，给他印象最深的是他刚刚担任厨师长那一年的一件事。由于初次任职，工作没经验，王强经常忙得昏天黑地。有一天，酒店总经理把他叫到办公室，狠狠地批评了他一顿。原来，冬天快到了，其他酒店已完成换季菜品，新菜已开始供应，而王强由于忙于事务，还没顾上换菜谱，因此影响了酒店的生意。虽然总经理体谅王强当厨师长时间短，经验不足，工作还是很认真的，就没扣他的工资，但王强每次想到因自己工作没到位，没能提前换菜品，新菜未能及时供应，给酒店造成了不必要的损失，就自责不已。

项目 4　中国餐饮业的发展趋势

目前，中国餐饮正快速转型升级，餐饮市场重新洗牌后的格局基本成型，餐饮企业在对品牌的塑造和规模化经营的方式成为主流，在进行扩张市场的需求中大力推行科学饮食的理念。随着中国经济及旅游业的发展，中国餐饮业经营模式多元化发展、国际化进程加快，绿色餐饮成为新时尚。随着国民收入的增长，国民消费水平的提高，人们对品牌、特色和名牌餐饮的追求更加明显，个性化特色经营突出品牌、特色餐饮深受青睐。休闲、浪漫、沙龙、旅游、娱乐、会展、网络、邮递等新的餐饮形式或经营模式进入人们的生活，呈现多元化发展，中国餐饮迎来了新的春天。

①行业规模不断扩大。中烹协官方公布的数据显示：2019 年全国餐饮收入 46 721 亿元，同比增长 9.4%。从改革开放至今，我国餐饮企业的数量已达到 350 万家，餐饮行业规模逐年增长。

②点多面广，行业集中度不高，业态多元化。规模以上企业营收仅占全社会餐饮收入的 21%，其中，按照中国饭店协会给出的数据，前 100 强餐饮企业集团仅占全社会餐饮收入的 5% 左右。这意味着，虽然我国餐饮行业的规模比较庞大，但仍以中小餐饮企业居多。“规模小、数量多、分布散”依然是餐饮行业的主要特征。

当“餐饮 +”趋于流行，包括外卖、堂食，线上、线下在内的全渠道运营成为餐厅的标配，当大到国际美食，小到地方巷子特色均在市场内占据一席之地时，餐饮业态的表现愈发多元化，消费者的选择也越来越丰富。消费场景从线下延伸至线上，管理依据从流水账转变为大数据，新零售融入运营……这些不断出现的新模式为餐饮业发展提供了更多的方向。

③行业标准化、工业化、产业化、互联网化在不断提升。近两年，餐饮行业表现出明显的智能化、数据化趋势。与此同时，以大数据与互联网技术为工具，便利、完善、多元的餐饮行业运营解决方案也驱动着餐饮行业继续朝着标准化、规模化、连锁化进发。随着 5G 时代的到来，在更多新技术赋能的情况下，餐饮行业经营也将发生巨大变化。

④国民经济贡献率提高。餐饮业营收入逐年增加，行业规模不断扩大，餐饮行业正在向社会释放更多的能量，在增加税收的同时解决了更多就业问题，为社会发展与经济增长做出了贡献。

⑤消费回归理性，铺张浪费现象被国人所不齿。大众化餐饮重新回归主体地位。2013 年 2 月，中共中央纪委提出的“八项规定”和“六项禁令”，不仅净化了中国的社会风气，而且给一度近于“疯狂”的中国餐饮市场带来了一股强劲的清新风尚，餐饮消费回归理性。价格导向主导餐饮市场。

⑥个性化消费日趋明显，特色餐饮更趋突出，面对不同的市场需求，为满足个性化需要，餐饮企业经营的特色与水平不断提高。个性化和特色化成为广大消费者和餐饮企业共同的目标。

⑦连锁经营势头强劲，展现了强大的生命力。2012 年全国餐饮业百强企业中有近 80%

采取连锁经营形式。企业发展多元化趋势增强以连锁经营为代表的现代餐饮业正加速替代传统餐饮业手工随意性生产、单店作坊式经营；标准化、规范化的现代企业管理模式取代了人为经验型管理方式；产业化、连锁化、集团化和现代化的经营方向成为必然。餐饮业所有制结构已发生了根本性的变化，在现代中国餐饮行业规模企业发展中，投资主体多元化、经营模式多样化和企业规模化、集团化趋势日益明显，实力日益增强。

⑧安全、绿色、生态的餐饮消费理念正日益深入人心，消费者对食品的消费已由原来的经济实惠型向健康美食风尚大步迈进。在强调美味的同时，更注重健康、绿色，曾经风行一时的各类食品添加剂在因其美色、美味的功效而大行其道，但现在正逐步退出餐饮市场；原生态美食成为主流；一些不科学的传统烹调方式，如过度的高温烹、炸、烤等方法正被改进，安全、健康的餐饮消费成为餐饮企业与消费者的共同追求，“舌尖上的中国”将会更科学、更绿色。

⑨社会对从业人员的综合素质要求提升到了一个全新高度。进入 21 世纪，中国的经济得到了巨大的发展，人们的生活水平得到了极大的提升，吃饱、吃好这些原来人们的生活理想即将成为过去式，吃出营养、吃出健康的新理念正在深入人心，这就必然导致人们对餐饮业不断提出更高的要求。同时，现代餐饮的管理模式、经营理念正逐步与世界接轨，工艺流程、专业技术也在日新月异地发展，这就更需要从业人员的专业水平和综合能力能够跟上时代的节拍，才能适应现代餐饮的要求，新时代中国餐饮急需大批的高技能型专业人才。

⑩呈现世界大同的趋势。随着中国改革开放步子的大步迈进，全球经济一体化对中国的影响力逐步加大，中国的餐饮市场正经历前所未有的机遇和挑战，在保持、发扬中国传统美食的同时，与国外的饮食文化交流也越来越密切，国外先进的饮食理念和技术给中国餐饮增添了强劲的动力，中国餐饮以海纳百川的胸怀，汲取着丰富的营养，不断地进行完善和改进，推动中国餐饮朝着更高的目标勇往直前。

餐饮业是我国第三产业中的重要支柱产业，一直在社会发展与人民生活中发挥着重要作用，被称为“朝阳产业”。经过两年的转型升级，我国餐饮业继续保持高速增长的发展势头，餐饮格局更加合理化、科学化。虽然 2020 年的新冠肺炎疫情对餐饮业造成了前所未有的冲击，但在以习近平同志为核心的党中央的强有力领导下，中国的疫情防控取得了决定性胜利，随着疫情防控工作走向全面胜利，中国美食强大和无穷的魅力，将焕发出更加迷人的光彩。

[思考与练习]

一、练习题

1. 烹调的意义是什么？
2. “烹”有什么作用？
3. “调”有什么作用？
4. 中国菜有哪些特点？
5. 你会从哪些方面努力，不断提高自己的专业技能？

二、思考题

1. 你对职业素养有什么认识？

2. 如何理解企业“忠诚度”这一理念？

3. 谈谈你对继承、发展中国饮食文化的历史责任感和使命感的认识。

三、活动实践、技能实训题

1. 节假日在家时，在厨房给父母帮帮忙，加深对烹调的认识。

2. 做一个有心人，注意观察学校食堂的饭菜受同学们欢迎的程度以及学生提出的意见，思考后提出你的看法。

模块 2

宴席知识

[模块导学]

通过学习了解宴席的意义、作用和种类，熟悉宴席菜肴的配置方法，掌握宴席菜肴上菜顺序及宴席菜单设计的基本要求，达到中式烹调师初、中级技能标准，符合中式烹调师岗位需求。

[教学目标]

【知识教学目标】

1. 了解宴席的作用。
2. 掌握常见宴席的制作方法。

【能力培养目标】

1. 熟悉宴席菜肴的上菜顺序。
2. 熟悉宴席菜肴的配置方法。
3. 明白宴席菜单设计的基本要求。

【职业情感目标】

1. 正确认识宴席的实用性，调整心态，增强对本专业的情感。
2. 激发学习兴趣，引发学习动机，明确学习目的，进入学习情境。

[案例导入]

在生活中，人们会参加各种宴会，如生日宴、寿宴、婚宴、乔迁宴等，这与平常在酒店就餐形式不同。我们会发现，除了菜品丰富之外，就餐时还会有一定的礼仪、风俗、主题等多方面的要求。

宴席是中国餐饮文化特有的一种形式，在中国人的日常生活中有很重要的地位。

[任务布置]

了解和掌握宴席的作用、种类，宴席菜肴的配置方法、宴席菜肴上菜顺序及宴席菜单设计的基本要求。

[任务实施]

项目 1　宴席的历史轨迹和作用

2.1.1　宴席的历史轨迹

宴席萌芽于尧舜时期，是在祭祀、礼俗和皇室起居活动的基础上，随着时代的发展而逐渐形成的。宴席发展到明清时期已日渐成熟，它反映了中国封建社会晚期的饮食民俗和文化风情。

①饮宴更讲究格局，环境更加豪华优雅。红木家具问世之后，宴席的桌椅更加精致，有传统的八仙桌、太师椅，之后发展了大圆桌，桌披椅套缝制讲究，餐室布置富丽堂皇，进餐环境雅致舒适，宴会格局多种多样。明清两代，宴会餐桌上不仅有丰富的佳肴，而且还有供欣赏的造型菜肴，称为看盘、看席。宴席餐具讲究配套，如金器、银器、玉器餐具，更凸显

出清代宴席的气派。

②宴会名目繁多，等级森严，重礼仪。明清两代设宴频繁，而且气势宏大。著名的满汉全席、千叟宴就是清代宴会的典型代表。宴会上礼仪繁多，宴席分等级入座，不同等级的宴席，无论是席面餐具还是菜肴数量、质量均有一定的差别。

③各式宴会应运而生，烹饪技艺发展迅速。清代的宴席继承和发扬了历代的饮食宴风，并且将宴会发展到了登峰造极的地步。这时不仅有宫廷御宴、官府公宴、文会宴、民间私宴，还出现了各种特色宴席，如全鸭席、全羊席、全鱼席等数十种之多。

总之，我国宴会源于夏，兴于隋唐，全盛于明清。从宴会的形式来看，随着朝代的更替大致上稳中有变，内容从简到繁，又从繁到简。现代宴会、酒会吸取了古代宴会的精华，经过改革，又赋予了宴会新的内涵。

2.1.2 宴席的作用

①宴席在社会中最主要的作用就是社交性。尤其在我国，受独特的中华优秀传统文化的影响，宴席在中国人的日常生活和社会活动中，一直有着十分重要而且无法替代的社交功能。从每个家庭的红白喜事、添丁置产、节日、祭祀等重要活动到各种社会重大活动，宴席一直担任着主角，是人们相互交流、增进情感，甚至是解决问题的重要方式。

②宴席在餐饮业中的作用也是非常重要的。从产值来讲，宴席几乎占据了半壁江山，同时是餐饮业回笼资金最快、积攒人气最高、利润较高的产品，其在餐饮业中的地位无可替代。

通俗地说，宴席就是酒宴。从形式上讲，它是多人聚餐的一种饮食方式，目的性较强；从物质上讲，它是按一定规格和程序组合起来的一整套菜点；从社会意义上讲，它是交际、纪念、庆祝等基本社会活动的一种常用方式。

项目 2　宴席的种类

2.2.1 古代宴席种类

古代宴席有宫廷御宴、官府公宴、民间私宴、文会宴。

1）宫廷御宴

宫廷御宴，即由宫廷举办的宴会，其规模宏大、形式隆重、讲究礼仪，是古代宴会中最高档的一种宴饮方式。较著名的宫廷御宴有千叟宴、满汉全席。

2）官府公宴

官府公宴，即地方官府举办的宴会，讲究排场、菜点精致、高档，宴会陈设雅致豪华。如皇帝出巡而设的接驾宴，为升官而举办的谢恩宴，为新官上任而举办的迎接宴等。较著名的官府公宴有孔府宴、红楼宴等。

3）民间私宴

民间私宴，即百姓举办的各种宴会，如婚丧宴、庆寿宴等。

4）文会宴

文会宴，即诗人墨客举行的以文会友的宴会，也是将诗文与酒宴结合的聚会。如脍炙人口的《兰亭集序》和《滕王阁序》就是历史上著名的文会宴的产物。

2.2.2 现代宴席的种类

1）国宴

国宴是国家元首或政府为招待国宾、其他贵宾或在重要节日为招待各界人士而举行的正式宴会。其仪式隆重、规模较大，有一整套礼仪程序。宴会厅内要悬挂国旗，安排乐队演奏国歌及席间乐、席间致辞、祝酒等。

2）正式宴会

正式宴会与国宴的区别是不挂国旗、不奏国歌，其他的仪式安排与国宴大致相似。其宴请对象较广，宴请的标准也有多样。正式宴会注重形式，讲究礼仪，注重场景，宴席内容较丰富。

3）民间主题宴会

民间主题宴会是最传统也是最能体现民风习俗的宴会。一般以民间重大纪念活动为主题而举行宴会，常见的有婚宴、寿宴、乔迁宴、谢师宴等。民间主题宴会主题鲜明，非常注重规格、礼仪、形式，最能体现中华民族传统文化的深厚内涵。

4）便宴

便宴是一种非正式的宴会，其形式比较简便，可以不排席位，不做正式讲话，宴请的规格可随客人的要求而定。

5）家宴

家宴是在家中设宴招待客人的一种形式。家宴的特点是形式灵活、气氛轻松愉快，菜点具有浓郁的家庭气息。

6）自助餐宴会

自助餐宴会又称冷餐会，是从西方引进的宴会形式。这种宴会的特点是气氛活泼，洒脱自然，允许客人迟到早退，用餐时间可长可短。形式上，冷餐酒会不排席位，菜肴以冷菜为主，以热菜（需保温）、点心、水果为辅，讲究菜台设计，菜点陈设在菜台上，供宾客自取。宾客可根据自己的需要，多次取食。自助餐宴会根据主、客双方的身份、招待规模、宴饮档次可高可低。举办时间一般为中午12时至下午2时或下午5时至7时。冷餐会适用于商务洽谈和官方正式活动，宴请的人数可多可少、灵活多变。自助餐宴会现越来越多地被采用。

7）鸡尾酒宴会

这种宴会形式较活泼，宴会上以酒水为主，略备小吃，不设座椅，便于客人随意走动。鸡尾酒是一种用各种酒水配制而成的混合饮料。在鸡尾酒宴会上，不一定都饮鸡尾酒，还可配些低度酒、果汁等，少用或不用烈性酒。

除上述几种宴会外，我国还有许多风味特色宴会，如海参宴、鱼翅宴、燕窝宴、全鸭宴、全羊宴等。随着我国经济建设的发展，对外开放的影响和消费结构的变化，各地又出现了许多新的宴会形式，如烧烤宴、风味小吃宴等。随着社会的发展，将会出现更多、更富有新意的宴会。

项目 3　宴席菜肴的配置方法

宴席菜肴是经过精选组合起来的综合性整体，不仅各类菜点的配置要协调，而且每一个具体菜点也要从整体着手，从菜肴之间数量、质量以至色泽、形态和口味的对比出发，充分考虑原料的质感、属性，精心搭配，力求均衡、协调和多样化，这是配置宴会菜肴的总体要求。

1）数量上的配置

宴会菜肴的数量包括两个方面：一是每道菜的用料质量；二是一桌宴会菜点的总数量。一般来说，一桌宴会菜点以 10 人计算，每人进食的总质量以 500 ~ 600 克净料为原则。每道菜肴用料质量：冷菜每碟以 150 克为宜；艺术拼盘以 500 ~ 600 克为宜。热菜每盘以 300 ~ 400 克为宜，大菜的质量以 750 ~ 1 250 克为宜。宴会菜点的总数量可根据宴会的标准、就餐对象等因素灵活掌握。一般的宴会标准是冷菜 8 小碟、热菜 6 ~ 8 道，甜菜 1 道，点心 2 道，水果 1 道。

2）质量上的配置

宴会菜肴的质量配置可根据宴会标准而定。标准高的宴会，以鲜活、贵重、稀有的原料为主，尽量突出主料，少用或适当使用辅料。宴会标准较低时，原料可选用价格适中、品质新鲜的普通原料，有时还可以使用一些替代品。总之，选用何种原料，必须在成本的控制下进行，不可随心所欲。

3）色、香、味、形、器的配置

（1）色的配置

宴会菜肴，菜与菜之间的色调配置应富于变化、协调，要相互烘托。根据季节及原料的新鲜程度和整桌菜肴色的需要来变化菜肴的色泽，选择不同的颜色原料及调料。

（2）口味和香味上的配置

在整席菜肴中，口味和香味应防止重复单调，要能巧妙地利用原料和调味品，组合多种多样、不同风味的菜肴来丰富宴会的内容。

（3）形的配置

原料的成型应做到多样化，要采用不同的刀工、刀法美化原料，从而增加菜肴的形态美。

（4）质感的配置

菜肴的质感，是指菜品的质地给人的一种感觉，如嫩、老、脆、酥、香、软、硬、松、韧等。质感的形成与原料本身的性质、烹调方法及各种技术处理有着密切的关系。宴会菜肴质感的多样化，既可体现宴会菜肴的丰富，也可给人们提供一种美的享受。

（5）盛器的配置

盛器要与菜肴的色彩、形态协调，并充分考虑烹调方法的特点，以达到烘托菜肴的效果。盛器与菜肴的配置是否得当，会影响整个宴会的气氛，因此，不可忽视盛器的选择。

4）点心与甜菜的配置

宴会上的点心要求甜咸、干湿适当搭配，高档宴会上还需要象形点心来衬托。点心的色彩、形态既要有欣赏价值，又要有食用价值。甜菜在宴会中占的比重略小，但甜菜也应强调季节、时令。夏天，甜菜一般为冷食，其他季节为热食。

5）水果的配置

水果是宴会的尾声，千万不可忽视。随着人们生活水平和宴会标准的提高，人们对宴会的水果也有新要求，已不再满足每人一个苹果、一根香蕉了。目前水果种类越来越多，宴会上水果的形式有时令水果单盘、双味水果拼盘、什锦水果拼盘、水果艺术拼盘、水果各客（将几种水果切成小块，放入甜水中浸泡，水果带甜水盛入小碗中，每人一碗）等。从健康饮食的角度来讲，餐前水果更合理，目前，餐前水果的运用已初步被人们认同。

项目 4　宴席菜肴上菜顺序及宴席菜单设计的基本要求

2.4.1　宴席菜肴上菜顺序

1）冷菜

冷菜又称冷盘、冷盆、冷拼等。用于宴会的冷菜形式大致有三种：第一种是一个主盘（主盘的内容有艺术拼盘、什锦拼盘、象形拼盘及各地的风味特色冷菜等）配上 4 个、6 个或 8 个小单碟（即不同质地、不同口味、不同色彩的单一料拼盘）；第二种是没有主盘，只上 8 个或 10 个小碟；第三种是在较高档次的宴会上还可以出现食品雕刻、艺术看盘、各客拼盘、各客艺术拼盘等。各客拼盘就是给每位客人上一道冷菜，冷菜的内容有荤有素，量不多，是由各种冷菜拼装组合而成的。各客艺术拼盘就是将各种冷菜原料拼摆成具有一定艺术造型的小冷拼，且每人一盘。

2）热菜

热菜主要指趁热进餐的菜肴，包括炒菜、锅仔和汤菜。炒菜并非单纯炒的菜，包括炒、炸、爆、熘、烩、煎等快速烹制成熟的菜肴。炒菜一般是指形状较小、口味较清淡、加热时间较短的菜肴。大菜通常是指形状较大或整块、加热时间较长、口味较浓厚的菜肴。大菜一般采用烧、烤、蒸、炸、扒、焖、炖等烹调方法。锅仔则是宴席中出现的新品种，一般和炉子一起上桌，既有很好的保温效果，又便于制作和食用，越来越受大众欢迎。汤菜是在宴会中起调节作用的，汤有清汤、奶汤、素汤、羹等形式。

3）甜菜

甜菜一般是采用蜜汁、拔丝、挂霜、蒸、炸等烹调方法制作的，口味以甜为主，主要形式有甜汤、甜菜、甜羹等。

4）点心（主食）

宴会上的点心常用糕、火团、面、包、饺等品种，点心制作的精细程度及品种，取决于宴会标准。

5）水果

水果是宴会中不可缺少的组成部分，常用各种时令水果。

2.4.2 宴席菜单设计的基本要求

1）根据对象专门制订菜单

制订菜单时，首先应对客源做了解，如国籍、民族、宗教信仰、饮食偏好和禁忌、年龄、性别、职业等。要充分尊重客人的饮食习惯，不同的国家有着不同的饮食习惯。如苏南上海一带人爱吃口味偏甜的菜肴；俄罗斯人偏爱肥浓香辣的菜肴。不同的年龄对菜肴也有不同的要求。如老年人偏爱酥烂、软嫩、清淡的佳肴，而年轻人则偏爱香脆、酥松的菜肴。男人较喜欢香咸的菜肴，女人则喜欢酸甜菜肴及甜品。只有做到有针对性的制订菜单，才能使宾客满意。如果在制订菜单时忽视了针对性，那么就会事与愿违，甚至造成不良影响。制订菜单还必须根据宾客的具体要求（如设宴目的、饮宴要求、用餐环境）进行合理设计，只有这样，才能真正满足宾客的需要。

2）根据宴会标准、物价情况及进餐人数制订菜单

宴会标准是宴会内容的依据，标准高低只能在原料、盛器的使用上有所选择，也可以在制作难度上做文章，但宴会的效果不能受影响。也就是要在规定的标准内，把菜点搭配好，使客人满意，这是制订菜单的宗旨。宴会标准高可选用高档原料，但也要考虑货源。高档原料要细菜精做，低档原料也要做到粗菜细做。标准高的宴会菜品不宜过多，要体现精而细的效果。标准低的宴会菜品要做到经济实惠，又要体现菜品的丰富。在制订菜单时，除考虑选料外，还需要了解市场物价行情，进行有效的成本控制，既要使宾客满意，又要获得合理的利润。

3）根据地方特色和风味特点制订菜单

突出地方风味，突出本店的特色菜肴，这是制订宴会菜单应遵循的一项原则。宴会菜肴应尽量利用当地的名特原料，充分显示当地的饮食习尚和风土人情，施展本地、本店的技术专长，运用独创技法，力求新颖别致、显现风格。不要一味模仿他人或其他地方的菜肴，要吸取其精华，创出自己的特色。

4）根据季节的变化制订菜单

宴会菜单要突出季节性，力求将时令佳肴搬上餐桌。季节性包括两个方面：一是选料要讲究季节；二是菜肴的口味、色彩、盛器等要适合季节。冬季的菜肴口味要浓厚一些，色彩要深一些，盛器常选用以保温性能好的火锅、煲、砂锅之类的器皿。而夏季菜肴口味则要求

清淡、爽脆，色彩要求淡雅。在宴会上注重时令菜肴的配置，会使宴会增色生辉。

5）根据厨房设备及厨师的技术力量制订菜单

在制订宴会菜单时，不能只凭想象去追求时尚，既要力求菜单的完美，又要考虑本厨房内有无相应的厨具设备（如烤箱、微波炉等）和是否有能胜任菜肴制作的厨师。因为一张好的宴会菜单需要厨师付诸实施，没有良好的厨房设备、技术过硬的厨师队伍，宴会菜单设计得再好，也是没有意义的。

6）突出宴席主题，菜肴命名要雅致

设计宴会菜单时，要围绕宴席主题进行。如婚宴，菜肴命名多以喜庆、祝福为主，以突出宴席主题，烘托宴席的气氛。

7）用料要多样，善于变化运用

宴席的用料要注意多样性，尤其是主菜、大菜，原料要避免重复，要善于运用不同的原料进行有机组合，给客人带来丰富多样的美好感受。

8）讲究营养搭配，注重卫生

宴席所使用的原料、盛器和操作过程及菜肴成品，要严把卫生关、质量关，保障饮食安全；同时，要注重各营养素的合理搭配，使整桌宴席既美味可口，又营养齐全。

[思考与练习]

一、练习题

1. 制订宴席菜单需要哪些条件？
2. 如何配置宴席菜肴？
3. 现代宴席有哪些常见种类？
4. 宴席有什么作用？

二、思考题

一些人在操办宴席时总喜欢大操大办，以显示主人大方，你是怎样看待这个问题的？

三、活动实践、技能实训题

为自己和父母设计一份生日宴席菜单。

模块 3

烹饪原料的初步热处理

[模块导学]

西红柿用开水烫过后很容易去皮，烹制牛羊肉前往往要进行“焯水”处理，这些日常生活中常见的加工就是“初步热处理”。烹饪原料的初步热处理，是许多菜肴烹调的前提，是实现菜肴色、香、味、形的重要因素，是提高菜肴质量不可或缺的步骤，其具有较高的技术性，可为中餐烹饪专业的学生正式烹制菜肴奠定基础。

[教学目标]

【知识教学目标】

1. 了解初步热处理的相关概念、意义及原则。
2. 理解烹饪原料初步热处理的作用。
3. 熟悉烹饪原料初步热处理的常用方法。
4. 掌握烹饪原料初步热处理方法的基本要求和操作要领。
5. 会正确区分初步热处理与正式加热的异同。

【能力培养目标】

1. 能根据菜肴的具体需要选择合适的初步热处理方法。
2. 能结合所学内容在实际生活中进行正确操作，达到操作技术要求。

【职业情感目标】

促使学生形成程序化、标准化的操作流程意识，养成遵守规程、安全操作、整洁卫生的良好习惯。

烹饪原料初步热处理也称初步熟处理、预熟处理、加热预处理、初熟制备等，指根据成品菜肴的烹制要求，在正式烹调前通过水、油、蒸汽等传热介质对初加工后的烹饪原料进行加热，使其成为半成品，以备正式烹调之用的加工过程。

烹饪原料初步热处理的作用主要有：

①保持原料色泽与口感。

②除血污及异味。

③调整或缩短正式烹调时间。

④便于西红柿、土豆等部分原料去皮。

⑤有利于提取鲜汤。

⑥使原料保持一定形状。

⑦有利于保存容易变质的烹饪原料。

烹饪原料的初步热处理包括焯水、过油、汽蒸、走红等。

项目1　焯　水

[案例导入]

菠菜，尤其是霜前的菠菜在正式烹饪之前都要“捞一下”，即行话说的“焯水”，不焯水的菠菜吃着涩嘴也不顺滑；同时由于菠菜中含有较多的草酸，其与钙结合后形成草酸钙，影响人体对钙的吸收，还会诱发结石。菠菜通过焯水，能减少其中草酸的含量，加强人体对钙的吸收，增加其色泽，改善其口感。

[任务布置]

理解焯水的概念及分类，理清烹饪原料为什么要焯水，掌握如何焯水及适用的原料，清楚焯水对原料的影响，通过理论的学习指导实践。

[任务实施]

3.1.1 什么是焯水

焯水又称焯烫、出水、冒水、飞水、水锅等，是指把经过初加工后的烹饪原料，根据成菜质量要求放入不同温度的水锅中，加热到符合烹调要求的半熟品或全熟品，以备进一步切配成型或正式烹调之用的初步热处理方法。焯水是烹饪较常用的一种初步热处理方式。需要焯水的烹饪原料比较广泛，大部分植物性原料及一些有血污或腥膻气味的动物性原料，在正式烹调前一般都要焯水。焯水有助于去除动物性原料的异味和保持嫩度，例如腰片、腰花经沸水处理后可以除去腥臊气味，且其嫩度不受影响。对于植物性原料尤其是绿色蔬菜，焯水可缩短原料的受热时间并且保持其鲜艳的色泽。

3.1.2 为什么要焯水

1）可以保持或增加蔬菜的色泽

大多数新鲜蔬菜含有丰富的叶绿素，它在活细胞内与蛋白质结合构成稳定的叶绿体。细胞死亡后会激活叶绿素分解酶的活性，促使叶绿体分解释放出叶绿素。蔬菜经焯水，可以使叶绿素分解酶失活，同时可溶解除去植物体内鞣酸、草酸等酸性物质，阻止叶绿体向脱镁叶绿素的转变，进而保持蔬菜鲜艳的绿色。

新鲜蔬菜表面还附着一层蜡膜，起着植物防御病虫害的自我保护功能，但这种蜡膜在一定程度上会阻碍人们对蔬菜颜色的感受。蔬菜经焯水后蜡膜消失，提高了人们对蔬菜颜色的感受。因此，焯水不但能防止蔬菜变色，还能提高蔬菜的鲜艳程度。

2）可以除去异味，增加风味

异味在某些蔬菜及动物的脏腑中广泛存在，它们大部分溶于水，通过加热可加速其分解、挥发。比如菠菜中草酸的涩味、萝卜中的苦辣味等可在加热中分解；血污较多的动物性烹饪原料还可以通过焯水的方法去除血污；在焯水时往往还会根据具体情况加入姜、葱、料酒、香料等调味料，在去除原料异味的同时又增加了原料风味。

3）可以调整烹饪原料的成熟时间

各种烹饪原料的成熟时间差异很大，有的需几小时，有的只要几分钟即可。而在正式烹调时，往往要把几种质地不同、成熟时间不同的烹饪原料组配在一起。如“熘三样”中的猪肝、猪肚、猪肠 3 种原料，猪肝的成熟时间最短，只需断生即可，而猪肚、猪肠则要求软烂，成熟时间较长。因此，必须利用焯水预先使猪肚和猪肠达到软烂的程度，然后再与猪肝共同烹调，最终达到同时成熟的目的。显然焯水可以有效调整烹饪原料的成熟时间，使其成熟达到一致。

4）可以缩短正式烹调时间

经焯水的烹饪原料能达到正式烹调要求的初步成熟度，因而可以大大缩短正式烹调的时间。焯水对于要求在较短时间内迅速制成的菜肴显得更加重要。

5）可以延长原料的保质期

通过加热，细菌以及自身组织细胞活动被抑制，从而延长原料的保质期。例如在夏季，将动物原料焯水后冷藏存放，比新鲜原料存放时间要长。

6）便于去皮和加工切配

通过焯水使去皮和刀工切配变得容易，如土豆、山药等去皮比较困难，通过焯水更容易去皮；肉类、笋、马铃薯、茭白等，熟料比生料更便于切配加工。

3.1.3 如何焯水

根据投料时水温的高低，焯水可分为冷水锅焯水和沸水锅焯水两种。

1）冷水锅焯水

冷水锅焯水指经过初加工后的原料与冷水同时下锅，将原料加热到所需程度后捞出晾凉备用的初步热处理方法。

（1）操作步骤

（2）适用原料

①异味较重、血污较多的动物性原料。如牛羊肉及动物内脏等，这些烹饪原料若沸水入锅，会因骤受高温迅速引起表面蛋白质变性而立即收缩，内部的异味物质和血污不易排出，达不到焯水的目的。

②一些含有苦味、涩味的植物性原料。如笋、萝卜、马铃薯、山药等，这些植物性烹饪原料中的苦味、涩味只有在冷水锅中逐渐加热才能消除，而且这些植物性原料的体积一般较大，需经较长时间加热才能成熟，若在水沸后入锅就会发生外烂里不熟的现象，无法达到焯水的目的。

（3）操作要领

冷水锅焯水

①水量要大，需淹过原料。

②加热过程中勤翻动，使原料受热均匀。

③要及时捞出，迅速过凉，防止过度加热。

④根据原料的质地、切配的要求及烹调的需要，有次序地分别放入和取出烹饪原料。

⑤动物性原料可以根据需求加入料酒、葱、姜等辅助去除异味的调料及佐料。

2）沸水锅焯水

沸水锅焯水，即先将水烧沸，再将原料投入水中加热到所需程度，最后捞出晾凉（不一定都得晾凉，很多原料直接控水就可烹制）备用。

（1）操作步骤

原料选择 → 洗 → 净（刀工处理） → 水烧沸腾 → 放入原料 → 翻动原料 → 控制加热程度 → 捞出 → 过凉 → 备用

（2）适用原料

①大部分植物性原料，尤其是色泽鲜艳、质地脆嫩的新鲜植物烹饪原料。如菠菜、白菜、西红柿、菜椒等，这些原料体积小、含水量多，易于成熟。如果用冷水锅焯水，由于加热时间长，水分和各种营养物质流失多，因此这些原料必须沸水下锅，用旺火迅速烫制。

②一些腥膻异味较小、血污较少的动物性原料。如鸡翅、鸡肫、蹄筋等，这些原料放入沸水锅中稍烫，便能除去血污，减轻腥膻等异味。

（3）操作要领

①必须做到沸水下锅，做到水宽、火旺。

②有特殊味道和容易脱色的原料应单独焯水，防止污染其他原料。

③控制好焯水时间，防止过度加热。

④动物原料焯水前要清洗干净。

沸水锅焯水

⑤青菜焯水时加一点盐和食用油，盐可以防止营养流失，食用油可以使青菜颜色更鲜艳、更油亮。

⑥豆制品及动物性原料可以根据需求加一点碱水或食用碱，缩短成熟时间。

3）水煮法

煮制是将整只或大块动、植物性原料，经焯水后投入不同温度的水（汤）中，加热至所需的成熟度，为正式烹调做好准备的热处理方法。很多热菜、凉菜都需要在烹调前先将原料水煮成熟，再进行烹调，如热菜的“回锅肉”，冷菜的“泡蹄尖”等必须水煮成半成品。在水煮过程中可加入适量姜、葱，能除腥、膻、臊等异味，增加鲜香味。

（1）操作步骤

原料选择 →（大块或整只原料）→ 洗净 → 焯水 →（一次性放料）→ 放入锅中 →（一次掺足水分）→ 加热 →（中火或小火）→ 水煮 →（沸后撇去浮沫）→ 控制程度 → 捞出 →（原汤浸泡）→ 晾凉 → 备用

（2）适用原料

①凉菜中拌制用的动物性原料，如“怪味兔丁”“红油鸡丝”等菜肴的制作。

②热菜中要求烹调熟料的动、植物性原料，如“回锅肉”“姜汁热味鸡”“锅烧鸭”“炒豆泥”等菜肴的制作。

（3）操作要领

水煮法

①动、植物性原料水煮之前应洗净，动物性原料应先焯水。

②控制好水煮时的火力大小，保持沸而不腾。

③掌握好掺水量，水要一次掺足，中途最好不加凉水或温水。

④控制好水煮原料的成熟度。根据菜肴要求，适时捞出原料，防止原料成熟不够或过熟。

⑤有些原料水煮后应用原汤浸泡，以保持表面滋润光泽，颜色美观。

⑥水煮原料可以根据成品特点，适当调味。

3.1.4　焯水时的注意事项

1）根据烹饪原料性质掌握好焯水时间

各种烹饪原料质地有老嫩、软韧之分，形状有大小、粗细、薄厚之别，在焯水中应区别对待，分别控制好焯水的时间。体积大、质地老韧的原料，焯水时间可长一些；体积小、质地软嫩的原料，焯水时间应短一些，使之符合正式烹调的需要。

2）有特殊味道的烹饪原料应分别处理

部分原料有其特殊气味，如羊肉、牛肉、肠、肚、芹菜、萝卜等，这些原料应单独焯水，以免各种烹饪原料之间吸附和渗透异味，影响原料的口味。如果使用同一口锅进行焯水，则应先将无异味或异味较小的原料进行焯水，再将异味较重的原料进行焯水。这样既可节省时间，又可避免相互串味。

3）深色与浅色的烹饪原料应分开焯水

焯水时要注意原料的颜色和加热后原料的脱色情况，一般色浅的烹饪原料不宜同色深的烹饪原料同时焯水，以免浅色的烹饪原料被染上其他颜色而失去其原有的颜色。

3.1.5　焯水对烹饪原料的影响

焯水过程中原料会发生多种化学变化和物理变化，有些变化对人体是有利的，而有些是不利的。

1）有利因素

焯水过程中有很多变化是有益的，我们要加以利用，如除去鞣酸、草酸、芥子油、尸胺等。同时，可以除去异味、改变原料质感、保持或增加原料鲜艳色泽、改变原料色彩、使原料定型等。

2）不利因素

在焯水过程中，也会有一些降低原料的品质的变化。如水溶性维生素的损失，还有蛋白质、脂肪等物质分解后形成易溶解于水的物质，并分散到水中，而这些又是形成鲜味的主要物质，焯水会使部分营养物质和鲜味物质溶解于水中，这类汤汁最好留用。

焯水过程中，有些原料的颜色会发生变化。在处理这类情况时，往往通过缩短加热时间以及快速降温来保持原料颜色。

有些原料中含有维生素、无机盐等营养成分，它们不耐高温，又容易被氧化，还易溶解于水中，焯水很容易损失这类营养物质。这类原料应采取不焯水或选择宽水大火焯水并缩短焯水时间，尽量减少营养损失。

在保证菜肴质量的基础上，可焯水可不焯水的原料，一般不焯水，如某些无异味的蔬菜，在烹调中如不影响加热时间，可直接用于烹调；需要焯水的原料应尽量缩短焯水的时间，选择适宜水温，这对于蔬菜来说更重要，焯水时间过长会使水溶性维生素及风味物质大量流失；要防止原料串味与染色；应注意营养风味变化，不过度加热；蔬菜焯水后应迅速进行切配、烹调，缩短放置时间，以免营养素损失。

[思考与练习]

一、练习题

（一）选择题

1. 焯水可分为（　　）。

A. 热水锅、水煮和冷水锅　B. 沸水锅、水煮和冷水锅　C. 沸水锅、水煮和热水锅

2. 白肚的加工应属（　　）。

A. 沸水锅　B. 冷水锅　C. 汽蒸

3. 西红柿经（　　）可有利于去皮。

A. 沸水锅焯水　B. 冷水锅焯水　C. 汽蒸　D. 过油

4. 沸水锅焯水适应于（　　）。

A. 体积少、含水多的绿色蔬菜　B. 体积小、血污多的动物性原料

C. 体积大、含水少的蔬菜　D. 体积大、血污少的肉类

（二）简答题

1. 焯水的作用有哪些？
2. 简述冷水锅焯水的步骤。
3. 焯水的注意事项有哪些？
4. 焯水对原料会产生什么影响？

二、思考题

1. 水煮与冷水锅焯水两者有何异同？
2. 如何有效地避免在焯水时营养素流失的问题？

三、活动实践、技能实训题

1. 根据所学知识进行焯水练习，结合体验谈谈亲身体会。
2. 将自己的实践作品发到班级 QQ 群或微信群。

项目 2　过　油

[案例导入]

油炸类食品香气四溢，口感酥脆，深受喜爱。这类食品都是运用“过油”这一技术手段制作的。过油不仅是一种烹饪方法，还常常运用于原料的初步热处理。

[任务布置]

理解过油的概念及分类，弄清烹饪原料为什么要过油以哪些原料适合过油，掌握过油方法，清楚过油对原料的影响，通过理论的学习指导实践。

[任务实施]

3.2.1　什么是过油

过油又称油锅，是指在正式烹调前以食用油为传热介质，通过不同油温和加热时间，将加工整理后的烹饪原料制成半成品的初步热处理。它对菜肴色、香、味、形、质、意、养的形成起着重要作用。

3.2.2　为什么要过油

1）可使菜肴口感多样化

过油时，利用不同的油温和不同的加热时间，可以使烹饪原料的水分含量发生变化；同时使烹饪原料皮层与深层水分产生差异，使原料具有酥脆、外焦里嫩或滑嫩等口感。

2）可增加烹饪原料的色泽

在不同油温的作用下，通过烹饪原料表面的蛋白质变性、在糖类物质参与下的美拉德反应等，油可使烹饪原料表面产生悦目的色泽，如粉红、白色、浅黄、金黄、棕红等颜色；同时，还可使烹饪原料表面产生滋润光泽之感。

3）可增加原料风味

过油能使油脂渗进原料，既能除去原料部分异味，又能增加原料的芳香气味。

4）改变或确定原料的形态

过油时烹饪原料中的蛋白质在高温下会迅速凝固，保持原料形整不烂，或使原料改变形态，保证成菜形态美观，如“方肉”“珊瑚鱼”的制作等。

3.2.3　如何过油

过油主要有滑油和走油两种方法。

滑油

1）滑油

滑油又称划油，是指用中油量、低油温，将原料滑散成半成品的热处理方法。滑油多适用于炒、熘、爆等烹调方法。

（1）操作步骤

将原料加工处理后，放入 80 ～ 110 ℃的油锅中加热，断生后捞出沥干油待用。

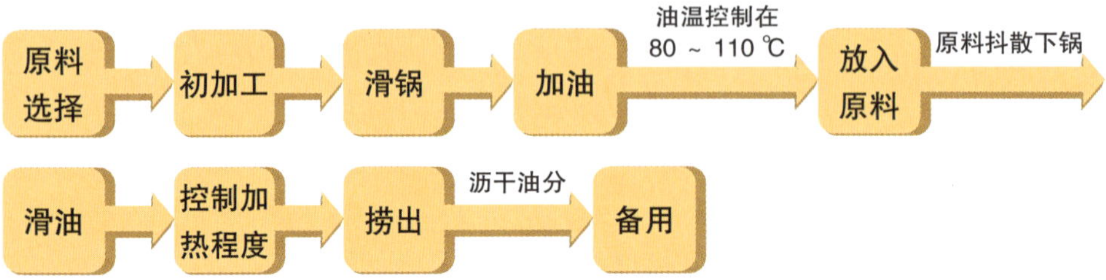

（2）适用原料

滑油适用范围较广，一般用于烧、烩、熘的丝、丁、片、块、条等规格较小的原料，大都要经过上浆处理，以保持水分不外溢，呈鲜香、细嫩的质感，如鲜熘鸡丝、鱿鱼烩肉丝等。

（3）操作要领

①擦净锅、滑好锅，预热后再放入食用油加热（即热锅冷油），以防原料粘锅，影响成菜效果。

②原料下油锅时注意动作。上浆的原料要抖散下锅，以防粘连；原料下锅后搅动不要过快过猛，防止脱浆或形烂。

③油温偏低，油量适中。油温为 80 ～ 110 ℃，油温过低容易使原料脱浆或失水过多，油温过高容易使原料粘连、质老、色深等，同时产生强致癌物——苯并芘。油量一般为原料的 2 ～ 3 倍，油要没过原料，使原料受热均匀。

④成品菜肴的颜色要求洁白时，应选取洁净、色浅的油，以确保烹饪原料的颜色符合成菜标准。

⑤动物性原料清油前一定要进行码味和上浆处理。

2）走油

走油又称跑油、油炸，是指用大油量、高油温将原料炸制成半成品的热处理方法。因为油温较高，所以能迅速地蒸发烹饪原料表面和内部水分，从而达到定型、上色、酥脆或外酥里嫩等目的。

走油

（1）操作步骤

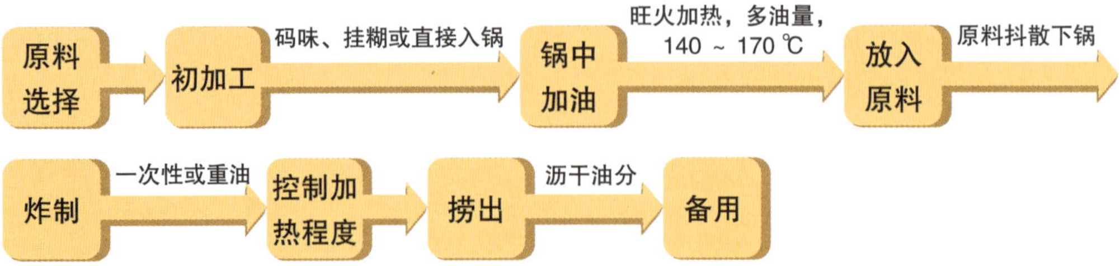

（2）**适用原料**

走油的适用范围较广，一般适合整形或大块原料，如鸡、鸭、鱼、猪肉、牛肉、羊肉、兔肉、蛋品、豆制品等，适用于煨、炖、蒸、焖、烧等，如制作脆皮鱼、红烧狮子头、虎皮肉等。走油的原料是否挂糊或拍粉，应视菜肴的要求而定。

（3）**操作要领**

①油量要宽。油、料比例一般是 3 ～ 5 ∶ 1，走油必须用多油量的热油锅，使原料下锅后油温降低较少，锅内油量需没过原料，让原料能自由滚动，受热均匀。

②原料逐一入锅。防止烹饪原料因骤受高温而相互粘连，同时投料要尽量贴近油面，防止油花飞溅出现烫伤事故。

③火力适当，防止外焦而里不熟。

④根据原料的特点和菜肴要求进行过油处理。成品菜肴的质感要求是外酥里软嫩时，应重油复炸，以确保质感；带肉皮的烹饪原料走油时，肉皮应朝下，这样可使其受热充分，达到酥松的效果。

⑤待烹饪原料基本定型后，再行推动（翻动），以防破坏其形状或造成脱糊，从而影响成品菜肴的质量。

⑥注意安全，防止烫伤。因烹饪原料表面骤然受高温，水分汽化迅速逸出而引起热油四处飞溅，容易造成烫伤事故。入油锅前可将烹饪原料表面水分揩干；烹饪原料应贴着油面入锅，绝对不可抛入。原料入锅后，操作者应迅速撤离或者用锅盖挡一下，等油花变小再复位翻动原料，当油过多或油温过高时，切勿直接倒入原料，应少量多次下锅，以免溢出。

⑦熟知原料过油所需的油温。可以通过手勺不停搅动油来辨别油温。

3.2.4 过油的注意事项

过油是初步热处理方法，可使原料成为半成品，与烹调方法的炸制有着根本区别。因此，在运用上要注意下面几个问题。

1）根据正式烹调的要求确定成熟度

过油只是对烹饪原料的初步加热，更主要的成菜阶段是正式烹调。正式烹调直接决定菜肴的各种特性，而过油只是为实现这些特性服务。因此，过油程度应视菜肴的要求而定，以保证菜肴的质量为宜。

2）根据成品特点灵活掌握火候

成品菜肴的火候是各个加热环节的火候的组合，任何一个加热环节的火候掌握不当，都会影响成品菜肴的质感。根据成品特点进行初步热处理，是初步热处理的基本原则。因此，过油时，要根据烹饪原料的质地、成品的质感要求来选择油温及加热时间。

3）根据成品要求掌握色泽

进行滑油处理时，半成品如需要颜色洁白，则应选取洁净的油脂进行加热处理，且油温不宜过高。为半成品增色也是初步热处理的目的之一，而半成品的色泽要服从于成品菜肴的色泽。

走油时，半成品的色泽一般以比成品色泽稍浅一些为宜，因为半成品在正式烹调时还要加热和添加调料等进一步增色。如半成品色泽过深，烹调时就难以调整，将影响菜肴成品的质量。

4）半成品不可放置过久

半成品久置不用，会导致品质下降。如半成品吸湿回软，糊中的淀粉脱水、变硬、老化、干缩等，均会影响菜肴成品的质量。

[思考与练习]

一、练习题

1. 过油可分为（　　）。

A. 滑油和走红　　B. 走油和走红　　C. 滑油和走油

2. 凡是滑油的原料必须进行（　　）处理。

A. 挂糊　　B. 上浆　　C. 拍粉

3. 下列适合上浆滑油的原料形状有（　　）。

A. 片、丝、丁　　B. 片、块、丁　　C. 丝、丁、条

4. 干烧鱼的主料采用的热处理方法是（　　）。

A. 焯水　　B. 过油　　C. 汽蒸　　D. 走红

二、思考题

1. 滑油的作用有哪些?
2. 简述滑油的步骤。
3. 过油的注意事项有哪些?
4. 以鸡块为例，简述其走油的步骤。
5. 过油对原料会产生什么影响?

三、活动实践、技能实训题

1. 根据所学知识进行过油练习，结合体验谈谈亲身体会。
2. 将自己的实践作品发到班级 QQ 群或微信群。

项目 3　走　红

[案例导入]

“梅菜扣肉”“走油蹄”等菜肴，色泽红润光亮、香气扑鼻，很受人们的喜爱。但是，一些家庭做出的这些菜肴，往往在成品颜色上相差甚远，其主要原因就是这些菜肴制作需要经过“走红”这一环节，而家庭厨房一般不具备“走红”的技术条件，所以做出的菜品，色泽自然不佳。

[任务布置]

理解走红的概念及分类，弄清烹饪原料为什么要走红以及哪些原料适合走红，掌握走红的方法，清楚走红对原料的影响，通过理论的学习指导实践。

[任务实施]

3.3.1 什么是走红

走红又称上色、酱锅、红锅，是将一些经过焯水或走油的半成品烹饪原料放入各种有色的调味汁中进行加热，或将原料表面涂上某些调料经油炸而使烹饪原料上色的初步热处理。

走红是烹饪原料上色的主要途径，一些用烧、焖、卤、蒸等烹调方法制作的菜肴，都要通过走红来达到成品色泽美观的目的。

3.3.2 为什么要走红

1）丰富烹饪原料色彩

走红的主要目的是使原料表面上色。各种家禽、家畜、蛋品等烹饪原料通过走红都能带上一层浅黄、金黄、橙红、棕红等颜色，以达到美化菜肴的目的。

2）除异味增香味

走红时，烹饪原料或在卤汁（调料）中加热，或在油锅中加热，原料与调味品或食用油发生作用，既能除去异味，又可增加鲜香味。

3）使烹饪原料定型

经走红，一些整形或大块烹饪原料基本决定了成菜后的形状，同时为下一步刀工或烹调做准备。

3.3.3 如何走红

过油走红

根据传热介质的不同，走红可分为两种：以油为传热介质的过油走红和以水为传热介质的卤汁走红。

1）过油走红

过油走红是将经过加工整理过的烹饪原料，揩去表面水分后均匀地涂抹上饴糖、酱油、面酱、料酒或蜂蜜等调料，皮向下放入热油锅中炸成菜肴需要的色泽的初步热处理过程。

（1）操作步骤

将经过焯水的原料，按照菜肴的需要，在其表层涂抹料酒或酱油、饴糖等，再放入油锅中炸上色。如咸烧白、香糟鸡、油淋鸭等的坯料，就是过油走红上色的。

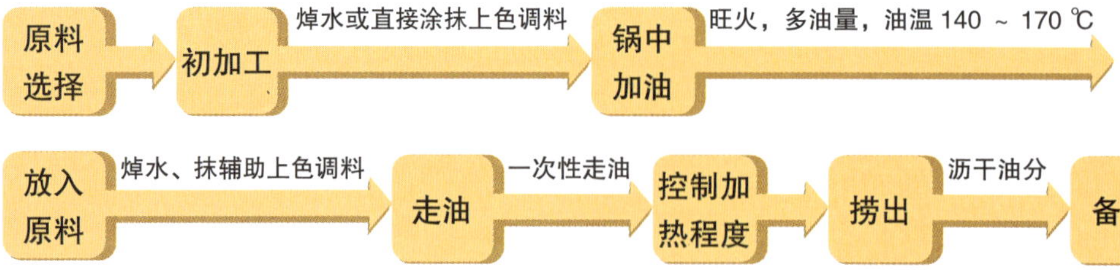

（2）适用原料

过油走红适用于体积较大的动物性带皮原料，如整鸡、整鸭、肘子、方肉等带皮原料，上色后使用烧、焖、蒸、卤等烹调方法成菜，如“虎皮肘子”“梅菜扣肉”等。

（3）操作要领

①控制好油温。油温是原料上色的关键，一般应控制在 180 ~ 210 ℃（行业中称六七成热），才能较好地达到上色目的，温度过高或过低都会使原料色彩达不到要求。

②选择好上色的原料。上色的原料含有糖分，高温时糖分会发生焦糖化反应从而使原料上色。不同原料含糖量各不相同，上色效果也不同，因此根据菜肴成菜要求选择合适的上色原料。

③调料要涂抹均匀。烹饪原料走红前涂抹的料酒、酱油、饴糖等调料要涂抹均匀，否则，原料走红后的颜色会不均匀。

2）卤汁走红

卤汁走红是指将经过焯水或走油的原料，浸没在按菜肴需要调制的有色卤汁中旺火烧沸，再改用小火加热至菜肴所需颜色的一种走红方法。

卤汁走红

（1）操作步骤

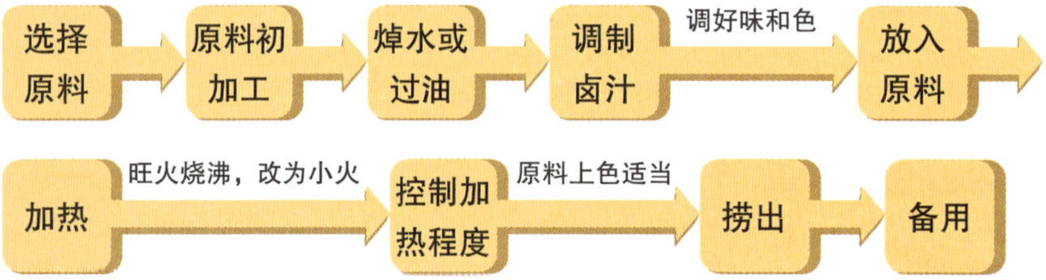

（2）适用原料

卤汁走红一般适用于猪肉、蹄肘、鸡、鸭等原料，多用于烧、蒸菜的上色，原料滋味较浓厚，如“红烧全鸡”“九转大肠”等。

（3）操作要领

①掌握好卤汁颜色及口味。卤汁走红前先调好卤汁的口味及颜色，使原料走红后符合成菜要求。

②控制好火力。一般先用旺火将卤汁烧开，再改为小火加热，这样既可使原料上色均匀，也可使卤汁的味道渗透至烹饪原料内部。

③控制好原料的成熟度。卤汁走红上色较慢，原料在加热过程中会达到一定成熟度，在进行卤汁走红时，要掌握好原料的成熟度，防止过度加热而影响正式烹调。

3.3.4 走红的注意事项

1）控制好烹饪原料的成熟度

烹饪原料在走红过程中都伴随着加热成熟，但走红不是最后的正式烹调步骤，因此，要尽可能在上好色的基础上，迅速转入正式烹调，以免影响菜肴质感。

2）根据成菜要求控制走红的颜色

走红的主要目的是使成菜后菜肴颜色美观，因此，要控制好走红后原料的颜色，使其符合成菜的要求。

3）保持好烹饪原料形态的完整

鸡、鸭、鹅等禽类烹饪原料，在走红前应整理好形态，在走红时要保持其形态的完整；否则，会直接影响成品菜肴的形态。

[思考与练习]

一、练习题

1. 过油走红的步骤有哪些?
2. 卤汁走红的步骤有哪些?

二、思考题

1. 结合虎皮肘子的制作，谈谈过油走红的操作要领。
2. 走红的注意事项有哪些?
3. 适合卤汁走红的原料有哪些?

三、活动实践、技能实训题

1. 根据所学知识进行走红练习，结合体验谈谈亲身体会。
2. 将自己的实践作品发到班级 QQ 群或微信群。

项目 4 汽 蒸

[案例导入]

汽蒸是很多家庭都能操作的烹调方法，设备简单、制作方便。但很多人不知道的是，汽蒸还是一项常用的原料热处理技术。

[任务布置]

理解汽蒸的概念及分类，弄清烹饪原料为什么要进行汽蒸以及哪些原料适合汽蒸，掌握汽蒸的方法，清楚汽蒸对原料的影响，通过理论的学习指导实践。

[任务实施]

3.4.1 什么是汽蒸

汽蒸又称汽锅、蒸锅，是把已加工整理的原料入笼（蒸锅、蒸箱），用不同火力，通过蒸汽将烹饪原料制成半成品以备正式烹调的初步热处理方法。汽蒸是很有特色的初步热处理，具有较高的技术性。在封闭状态下要掌握加热的火候，就必须对烹饪原料的质地和体积、加热的温度、加热所需时间和总供热量等有所了解，这样才能达到成品菜肴的质量要求。

3.4.2 为什么要汽蒸

1）保持原料的滋味和营养

汽蒸时原料温度不会过高，大都在 10 ℃，原料的营养成分受高温影响相对较小，同时加热时湿度又较饱和，风味物质流失较少，使原料自身特有的滋味不易散失，保持了原料自身呈味效果；同时能避免烹饪原料中的营养素在高温缺水状态下被破坏，加之在密闭环境中营养素流失较少，从而保持原有营养。

2）保持原料形态

汽蒸是在相对封闭的状态下加热，在加热过程中不需要翻动原料即可使原料均匀受热，同时无较大外力冲击，以保持原料原有形状。

3）缩短正式烹调的时间

汽蒸已使烹饪原料基本达到成熟状态，从而大大缩短了正式烹调时间。

3.4.3 如何进行汽蒸

根据原料的质地和成菜要求，汽蒸可分为旺火沸水猛汽蒸（火大汽足）和中小火沸水缓汽蒸（火小汽弱）两种。

旺火沸水猛汽蒸

1）旺火沸水猛汽蒸

（1）操作步骤

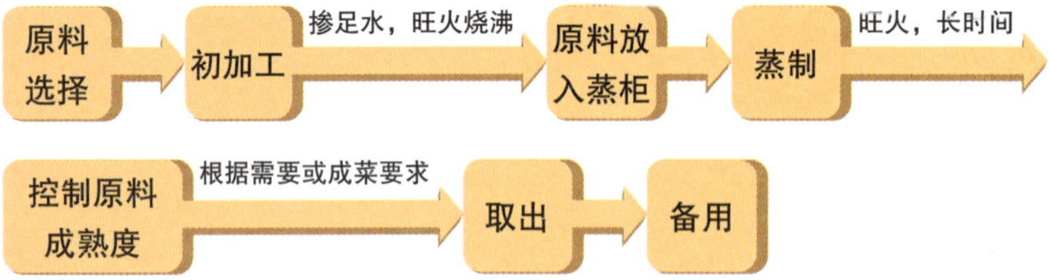

（2）适用原料

旺火沸水猛汽蒸适用于体积较大、韧性较强、不易熟软的原料，如鱼翅、干贝、蹄筋等干货原料，以及体积较大的整鸡、肘子等的初步热处理多采用此方法。

(3) 操作要领

①蒸制时，做到水宽、火旺、蒸汽足、密封好，确保达到半成品的质量标准。

②蒸制时间的长短应根据原料的性状和菜肴需要而定。

中小火沸水缓汽蒸

2) 中小火沸水缓汽蒸

(1) 操作步骤

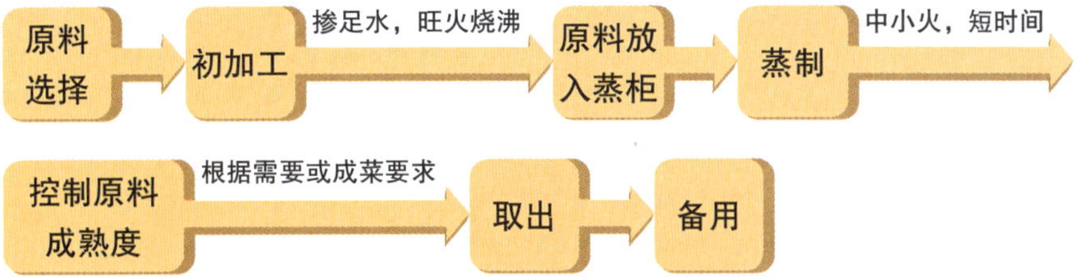

(2) 适用原料

中小火沸水缓汽蒸主要适用于新鲜度较高、细嫩易熟、不耐高温的原料的半成品，如黄蛋糕、白蛋糕、鱼糕、虾肉卷、芙蓉底等的初步热处理。

(3) 操作要领

①控制好火力以及蒸汽量。火力要适当，水量要足，蒸柜中蒸汽量适中，保证蒸制后的半成品质地细嫩，不起蜂窝眼，形态美观。

②控制好汽蒸时间。原料刚熟即可，长时间蒸制会使原料质老或颜色不正。

3.4.4 汽蒸的注意事项

初步热处理的汽蒸不同于烹调方法中的“蒸”，在应用上要注意以下几个方面的问题。

1) 要与其他初步热处理配合

许多烹饪原料在汽蒸处理前还要进行其他方式的热处理，如过油、焯水、走红等。各个初步热处理环节都应按要求进行，以确保每一工序都符合要求。

2) 调味要适当

汽蒸属于半成品加工，加热前必须进行调味。但调味时必须给正式调味留有余地，以免口味过重。

3) 要防止烹饪原料间互相串味

多种烹饪原料同时采用汽蒸时，要防止汤汁的污染和串味。烹饪原料不同、半成品不同，所表现出的色、香、味也不相同。因此，汽蒸时要选择最佳的方式合理放置烹饪原料，防止串味、串色。味道独特、易串色的烹饪原料应单独处理。

4) 掌握好蒸制时的火候

汽蒸时，要根据原料的质地和蒸制后应具备的质感，选择旺火沸水猛汽蒸（大火汽足）和中小火沸水缓汽蒸（中小火汽弱）。旺火沸水猛汽蒸主要用于体积较大、韧性强、不易软烂的原料，中小火沸水缓汽蒸主要用于质地细嫩、易成熟的原料的半成品加热。用旺火沸水猛汽蒸制时，火力要大，水量要多，蒸汽要足，密封要好。用中小火沸水缓汽蒸制时，火力要适当，水量要充足，蒸汽冲力不宜太大。蒸制时间的长短，应视烹饪原料的质地、形状、体积及菜肴半成品的要求而定。

[思考与练习]

一、练习题

1. 汽蒸分为哪两种？
2. 汽蒸的步骤有哪些？

二、思考题

1. 结合油泼鱼的制作，谈谈汽蒸的操作要领。
2. 汽蒸的注意事项有哪些？
3. 适合旺火沸水猛汽蒸的原料有哪些？

三、活动实践、技能实训题

1. 根据所学知识进行汽蒸练习，结合体验谈谈亲身体会。
2. 将自己的实践作品发到班级 QQ 群或微信群。

模块 4

火　候

项目1　火候概述

[项目导学]

火候是烹调的基础，掌握火候对掌握烹调技术非常重要。烹饪原料的性质多种多样，经过刀工处理后的形态也是多种多样，因此在烹调过程中，就需要灵活多变地运用火候。作为中等职业教育中餐烹饪专业的学生，必须学会掌握火候。

[教学目标]

【知识教学目标】

1. 了解火候的含义。
2. 弄清火候与烹饪的关系。
3. 掌握火候的分类，了解影响火候的因素。
4. 掌握火候的一般方法与原则。

【能力培养目标】

1. 能够理解火候的基本概念。
2. 能够正确掌握火候的运用。

【职业情感目标】

1. 正确认识火候在烹调技术中的意义，理解、掌握火候是一个好厨师的基本功，增强对本专业的情感。
2. 激发学习兴趣，引起学习动机，明确学习目的，进入学习情境。

[案例导入]

家庭烹制菜肴时，有时会发生菜烧焦了或者菜肴没有烧熟的情况，这就是对火候的了解与掌握出问题了。在餐饮业，火候的掌握往往是衡量厨师技术水平的标准之一。

[任务布置]

烹制菜肴时，火候非常重要，直接关系到菜肴的质量，要认真了解火候的实质，掌握火候的内在规律，正确运用各种火候，以保证菜肴的质量。

[任务实施]

4.1.1　火候的概念

如何运用火候关系到菜肴的质量，这是烹调技术的关键环节，火候知识包括对火力与火候各要素的理解与掌握，烹调时的热源、传热方式、受热时间及原料在烹调中的变化等内容，是学习烹调技术的重要组成部分。

烹饪原料在烹调过程中，根据菜肴的质量要求、原料的性质、形状和数量等因素，运用不同的传热介质，通过一定的加热方式和一定的时间把热量传给烹饪原料，使其发生一系列的物理变化，由生至熟，而使菜肴达到在色、香、味、形、质、养等方面的要求，最后制成菜肴成品。

简单地说，所谓火候，是指烹制过程中，烹饪原料制成菜肴所需的温度高低、时间长短和火力大小。由于温度高低与火力大小是成正比的，往往会将两者结合在一起称为火候，而时间长短则由原料受热程度，也是原料色、香、味、形、质等变化的程度来决定的。

4.1.2 掌握火候的重要性

我国烹调技术对火候的研究，已有久远的历史。在 2 000 多年前的著作《吕氏春秋》中就有这样的记载：“五味三材，九沸九变，火为之纪，时疾时除，灭腥去臊除膻，必以其胜，无失其理。”由此可见，我们的祖先在 2 000 多年前，就把火候看作烹制菜肴的决定性因素，火候是使菜肴原料发生质变的主要条件。宋朝苏轼（苏东坡）对菜肴的火候也有研究，他在诗中对炖肉的火候曾有这样的描述：“慢着火，少着水，火候足时它自美。”可见，苏东坡懂得炖肉是需要使用慢火的。

烹调技术的两大内容就是烹制和调味，而火候又是烹制的核心，因为菜肴的原料加入调味料，不经过加热烹制，就不能完成质变的过程，也就不能构成菜肴的属性。所以每一个厨师必须精于“看火”的技术，厨师的烹调技术，其中主要的就要看他能否根据菜肴原料的性质、形态、色泽等，结合菜肴的特点、要求等在加热过程中恰到好处地掌握火候，制作出色、香、味、形俱佳的菜肴。

4.1.3 火候的分类

在中餐烹调上，火候的大小是较难具体划分的。为了方便掌握，我们对它进行大概的分类。在烹调时，我们不会用温度计去测量火候的温度，只能根据操作经验来识别火候，去划分火候的种类。目前识别火候通常都由感官来确定。就是以火力的大小、火焰的高低、火光的颜色等来进行分类（以炒炉为例）。基本上把火候分为 3 大类：

①猛火：火焰高而稳定，呈黄白色，光度明亮，热气逼人。

②中火：火焰低而摇晃，呈红色，光度较暗，热气较大。

③慢火：火焰细小，时有起落，呈青绿色，光度暗淡，热气不大。

虽然这种用感官鉴别火候不十分精确，而且由于炉灶有大小、燃料有差异，有同样的现象也可能有不同的温度。但只要在长期的实践中，不断地加以总结，就可以很好地掌握火力的大小，从而熟练地运用火候。

4.1.4 火候的要素及影响火候的因素

1）火候的要素

①热源的火力。

②传热介质的质地。

③加热时间。

这三个要素相互作用、协调配合，改变任何一个要素，都会对火候的功效带来较大的影响。

2）影响火候的因素

①火力大小、加热时间长短对火候的影响。

②烹饪原料形状、质地对火候的影响。

③传热介质对火候的影响。

④烹饪原料投料量对火候的影响。

⑤气候冷热对火候的影响。

4.1.5 掌握火候的一般方法与原则

掌握火候，就是在了解菜品要求的前提下，根据不同的烹调方法和烹饪原料成熟状态对传热容量的要求，控制好加热温度和加热时间，使菜品品质达到最佳。

1）掌握火候的方法

①通过烹调器具（锅、罐、煲）的受热状况判断火候。

②通过烹调菜肴过程中传热介质的变化，主要是油、水、蒸汽等的变化判断火候。

③通过原料成熟程度判断火候。

④运用掌勺技巧掌握火候。

2）掌握火候的原则

（1）根据原料质地不同调整火候

①质老形大的原料需用慢火、长时间加热。

②质嫩形小的原料需用猛火、短时间加热。

（2）根据菜品质感调整火候

①成菜质感要求脆嫩的需用猛火、短时间加热。

②成菜质感要求软烂的需用慢火、长时间加热。

（3）根据加热介质不同调整火候

①以水传热，成菜要求软嫩、脆嫩的需用猛火，短时间加热。成菜要求软烂的需用中火、稍长时间加热。

②用水蒸气传热：水产品、胶馅原料需用猛火短时间加热；禽畜肉料需用中火长时间加热；蛋类原料需用慢火较长时间加热。

③用油传热：炸油油温偏低，短时间加热；炸油油温偏高，长时间加热，火候掌握主要视油温高低决定。

火候要视原料质地、菜品质感、传热介质等几种因素灵活运用。

[思考与练习]

一、练习题

（一）单项选择题

1.“五味三材，九沸九变，火为之纪，时疾时除，灭腥去臊除膻，必以其胜，无失其理。”出自（　　）。

A.《周易》　B.《吕氏春秋》　C.《黄帝内经》　D.《礼记》

2.“慢着火，少着水，火候足时它自美”的作者是（　　）。

A. 李渔　B. 袁枚　C. 贾思勰　D. 苏轼

3. “火焰低而摇晃，呈红色，光度较暗，热气较大”描述的是（　　）。

A. 猛火　B. 中火　C. 慢火　D. 中慢火

（二）判断题（对的打“√”，错的打“×”）

1. 火候的含义就是根据菜肴原料的性质、形态和烹调菜肴的目的、要求，给菜肴原料加热时所用火力的大小与时间的长短。（　　）

2. 火候对菜肴成品的色泽和形状影响不大。（　　）

3. 不同的炉灶、不同的燃料所产生的火力大小是不同的。（　　）

二、思考题

1. 影响火候的因素有哪些?

2. 掌握烹调火候的一般方法是什么?

三、活动实践、技能实训题

以小组为单位，参观中餐、西餐的烹调操作实训室，观察各种火候的现象并写出参观报告。

项目2　传　热

[项目导学]

传热指通过各种媒介，使烹饪原料受热成熟，是烹调过程中一个重要环节。不同的传热介质和不同的传热方式，会直接影响烹饪原料的受热效果，并会造成不同的风味特色，这对理解烹调方法的运用有着重要意义。

[教学目标]

【知识教学目标】

1. 了解传热方式和传热媒介的概念。
2. 弄清传热方式和传热媒介与菜肴质感的关系。
3. 了解烹饪原料自身传热的特点。
4. 掌握传热方式的运用。

【能力培养目标】

1. 能够理解传热方式和传热媒介的基本概念。

2. 能够正确掌握传热方式和传热媒介的运用。

【职业情感目标】

1. 正确认识传热方式和传热媒介在烹调技术中的意义，理解传热与火候是密切相关的关系。

2. 激发学习兴趣，引起学习动机，明确学习目的，进入学习情境。

[案例导入]

一碗热汤端在手上，会感觉很烫，这就是汤的热量通过碗传到手上产生的感觉。菜肴的成熟，就是热源通过各种传热媒介和传热方式将热传递给原料，使原料成熟。

[任务布置]

了解传热过程和方式及传热原理，有助于针对各种不同原料，根据菜肴质量要求，正确运用火候。

[任务实施]

加热的能源来自炉灶燃料燃烧时所释放的热能，来自炉灶的热能是怎样传到菜肴原料中去的呢?

4.2.1 传热方式

热量从热源传送到原料有多种方式，不同的传热方式其传热途径、效能、运用方式是不同的。火候的掌握离不开对传热方式的了解。

通过物理学我们知道，传热的方式一般可分为 3 种：传导、对流和热辐射。

①传导是固体间传热的主要方式，是从高热源向低热源传递，传热时，单位面积（受热面）受热快但传递速度慢。

②对流，指液体和气体依靠冷热流体互相掺混和移动所引起的热量传递方式，流体的热导率很小，但传热比较均匀。

③热辐射，指物体因具有温度而辐射电磁波的现象，以电磁波和粒子的形式传送，温度越高，辐射出的总能量就越大。

4.2.2 传热媒介

燃料在炉膛内燃烧，使炉膛内温度升高，这时，一方面火焰直接接触锅底，把热量传给铁锅，另一方面通过强烈的辐射和炉膛内热空气的对流也把热量传向锅底，而铁的热传导能力很强，因此铁锅也就迅速地把热量传给锅内的原料。可是，大多数原料不直接放在锅内，而是通过各种辅助烹调的物料，即通过各种各样的传热媒介，把热能传给菜肴原料的。除熏烤以外，作为菜肴热能传播常见的媒介物质主要有水、油、蒸汽、盐粒或砂粒、热空气等。

1）用水作传热媒介

用水做传热媒介，主要是靠水的对流作用，使原料各部位均匀受热。因为水能够在不断受热的过程中，使自身的温度上升到 100 ℃而沸腾，一般菜肴原料在这样的温度中，就会发生质的变化而达到成熟。

2）用蒸汽作传热媒介

用蒸汽做传热媒介也是靠蒸汽对流的作用使菜肴原料受热的。水温达到 100 ℃时，水就成为水蒸气而逸散到空中，要提高水蒸气的温度，可以通过盖紧锅盖、增加容器内的压强或在水中加入一些可溶性物质，如食盐等。由于水蒸气一般处于较为密封的空间，因此它的温度因压强的增大而略高于水。

3）用油作传热媒介

油在受热后是靠对流作用来传播热量的，不过油的沸点比水高得多，例如，当油面开始冒青烟时，植物油（豆油、生油、菜油等）的温度一般可达 210 ~ 225 ℃，猪油可达 221 ℃，牛油可达 208 ℃。因此，用油做传热媒介，以达到较高的温度，可以使锅中的菜肴原料表面迅速地达到 100 ~ 120 ℃而成熟得更快。另外，较高的油温可以使原料表面或内部迅速脱水，令菜肴酥脆。

4）用盐粒或砂粒等作传热媒介

盐粒和砂粒等固体物质的传热能力虽然比水和油好些，但也并不高，并且它不像液体能够流动传热，用盐粒或砂粒等物质做传热媒介进行烹调时，必须不断地进行翻拌，才能使原料受热均匀。盐粒和砂粒作为传热媒介，它们具有储热容量大，释热时间长的特点。

5）用热空气作传热媒介

热空气作为传热媒介给原料传热的方法，往往用于烧烤和烘烤中，其主要是把燃料燃烧时放出的热能，以辐射的方式传播到菜肴原料而致其熟。烧烤和烘烤时温度的高低，主要是根据炉灶火力的大小与烤炉的结构形式而定的。

4.2.3 原料自身传热

菜肴原料通过不同的传热方式受热以后，原料表面的热量继续向内部传播，最终使原料外部和内部完全成熟。这个过程也是极为复杂的，因为菜肴原料基本上是热的不良导体，本身的传热能力较差，虽然菜肴表面的温度已经很高，但并不能迅速地传入内部。例如，一块 1.5 千克的牛肉放在沸水中煮一个半小时，原料内部的温度才能达到 62 ℃；一只 3 千克左右的火腿，放在冷水锅中逐渐加温，当水达到沸点（即 100 ℃）时，火腿内部的温度仅 25 ℃左右；一条拍上干粉的整鱼，放在高达 180 ℃的油锅里炸，鱼的表面温度达到 100 ℃时，而鱼的内部也只有 60 ~ 70 ℃。可见，菜肴原料的传热性能是很差的。在烹调中，对食物原料加热，必须注意以下几项原则：

①如果是运用猛火短时间的烹调方法，就要把原料尽量切得小些、薄些。如果原料形态

所限要求稍大而厚的，应尽量在原料上划上一些刀花，以便热能迅速传入到原料内部。

②大块肉料加温，必须用慢火长时间加热的方法，使热量逐渐渗入原料内部，使其内外全部成熟。如果只用高温加热，而不采用慢火加热，原料的内部就不易熟透。

③在菜肴加热过程中，必须注意原料各部分受热均匀，使原料表面的温度能同时向原料内部传播。例如，制作炒、爆等猛火迅速成菜的菜肴时，就应该勤于翻拌。

[思考与练习]

一、练习题

（一）单项选择题

1.（　　）一般处于较为密封的空间，它的温度因压强的增大而略高于水。

A. 水蒸气　　B. 粗盐粒　　C. 食用油　　D. 热空气

2.（　　）作为传热媒介可使原料表面或内部迅速脱水，令菜肴酥脆。

A. 水　　B. 油　　C. 蒸汽　　D. 热空气

3. 一只 3 千克左右的火腿，放在冷水锅中逐渐加温，当水达到沸点（即 100 ℃）时，火腿内部的温度仅（　　）℃左右。

A. 15　　B. 25　　C. 35　　D. 45

（二）多项选择题

1. 传热的方式一般有（　　）。

A. 传导　　B. 对流　　C. 辐射　　D. 磁场　　E. 电流

2. 传热媒介一般有（　　）。

A. 水　　B. 油　　C. 蒸汽　　D. 盐粒　　E. 热空气

（三）填空题

1. 传导、对流、辐射往往不是________的存在，而是________的存在。

2. 热空气作为传热媒介给原料传热的温度高低，主要是根据__________的大小与烤炉的_________而定。

3. 菜肴原料基本上是热的________，本身的传热能力较差，虽然菜肴表面的温度已经很高，但并不能迅速地传入________。

二、思考题

1. 传热媒介有哪几种？它们各自是怎样传递热能的？

2. 加热食物原料应注意哪些基本原则？

三、活动实践、技能实训题

以小组为单位，参照原料自身传热的内容做相关的实验，并写出实验报告。

项目 3　原料受热后的变化

[项目导学]

烹饪原料在加热过程中会发生物理和化学变化，而且变化情况也比较复杂。具体的变化将依照原料的种类、性质、形态与火候的施用、加热环境等因素而定。烹饪原料在受热后的变化，直接影响菜肴的色、香、味、形等，烹饪专业的学生，要学会掌握原料在受热后的变化规律。

[教学目标]

【知识教学目标】

1. 了解物理分散作用、水解作用、凝固作用、酯化作用、氧化作用的概念。
2. 了解物理分散作用、水解作用、凝固作用、酯化作用对原料的影响。
3. 了解其他作用对原料的影响。
4. 弄清原料受热与菜肴色、香、味、形的关系。

【能力培养目标】

1. 能够理解原料受热变化有关的基本概念。
2. 能够掌握原料受热对食物的影响。

【职业情感目标】

1. 菜肴的色香味形与原料受热后的变化是密不可分的关系，深度理解对提高烹调技术有很大的意义。
2. 激发学习兴趣，引起学习动机，明确学习目的，进入学习情境。

[案例导入]

生鸡蛋去掉外壳是液态的，但煮熟后却是固体，这就是原料受热后的变化现象，不同原料加热后的变化是不一样的，这种变化与菜肴成熟后的质量密切相关，直接关系到菜肴的品质。

[任务布置]

了解加热过程中食物的一般变化和不同火候、物料及加热方法对食物的影响，有助于对火候的正确处理。

[任务实施]

4.3.1　分散作用对原料的影响

烹饪原料在加热过程中会发生各种物理和化学变化，在物理、化学的作用下其形状、色泽、质地、风味等均有所变化。具体的变化将视原料的种类、性质、形态，火候的运用，加热环境等因素而定。

1）分散作用的含义

分散作用是指烹饪原料成分从浓度较高的地方向浓度较低的地方扩散（还包括成分的溶解分散），属物理变化。

2）分散作用对原料的影响

例如，制汤时汤料的水分受热后其分子加速运动，促进了分散作用，可促使汤中的各种成分均匀分布，达到一定的浓度。

又如，蔬菜和水果细胞中富含水分，细胞间起连接作用的植物胶素硬而饱满，加热时胶素软化溶解于水中成为胶液，同时细胞破裂，其中部分营养成分（维生素、矿物质等水溶性物质）也溶解于水，因此，其汤汁也含丰富的营养素。

再如，淀粉在水中被加热到 60 ~ 80 ℃时，会吸水膨胀分裂，形成体积膨大、均匀、黏度增加的胶状物，这是淀粉的糊化，是受分散作用影响而产生的。

4.3.2 水解作用对原料的影响

1）水解作用的含义

水解作用是指烹饪原料在水中加热或在非水物质中加热，使营养素在水的作用下发生分解，属化学变化。

2）水解作用对原料的影响

例如，淀粉虽属多糖类，但本身没有甜味，水解后因产生部分麦芽糖和葡萄糖而使原料略带甜味。

又如，肉类结缔组织中的胶原蛋白质水解后可使其达到软烂质感，成为有较大亲水性的明胶（动物胶），冷却后即凝结成冻胶。

再如，蛋白质可水解成各种氨基酸，而氨基酸是鲜味的主要来源之一。

4.3.3 凝固作用对原料的影响

1）凝固作用的含义

凝固作用是指烹饪原料在加热过程中，蛋白质空间结构发生改变，在形态上由软变硬，由液态变为固态。凝固作用属于物理变化。

2）凝固作用对原料的影响

例如，鸡蛋受热后由液态变成固态。

又如，肉料受热后由软变硬，长时间受热后变得老韧。

再如，在豆浆中加入石膏或盐卤等电解质时，可凝固成豆腐。

还如，在高温下，汤中的盐可使蛋白质沉淀析出。

4.3.4 酯化作用对原料的影响

1）酯化作用的含义

酯化作用是指醇类物质与有机酸作用产生具有芳香气味的酯类物质的反应。酯化作用属化学变化。

2）酯化作用对原料的影响

例如，在烹制肉料时，往往会烹入料酒，肉料中的氨基酸、核酸、脂肪酸、食醋中的乙酸与料酒中的乙醇共热产生芳香气味。

又如，肥肉与高度的曲酒腌制后，用油煎炸，会产生特别浓的芳香气味。

再如，烹制鱼时适时适量烹入料酒、食醋，不仅能增加芳香气味，还可去腥解腻。

4.3.5 氧化作用对原料的影响

1）氧化作用的含义

氧化作用是一种化学反应，在有机化学中，外有电子得失（转移）的化学反应称作氧化还原反应。氧化还原反应使反应物发生转变。

2）氧化作用对原料的影响

例如，多种维生素在受热时易被氧化，尤其是在碱性或含铜盐的溶液中加热，氧化迅速，维生素的原功能会丧失，最易被氧化破坏的是维生素 C。

又如，血红色的肉料加热后色泽变化也是氧化作用的表现，因血色素被氧化成变性肌红蛋白。

再如，加热食用油脂时，一般情况下是在空气中和高温下进行就会发生高温氧化反应，产生某些醛、醇、酸及过氧化合物，对人体危害很大。

还如，蔬菜原料在加热时与空气接触，多数维生素容易被氧化，使蔬菜原料变色、维生素功效损失。特别是维生素 C 最容易被氧化破坏，维生素 B_1、B_2，也比较容易被破坏。

4.3.6 其他作用对原料的影响

烹饪原料在加热时，除产生上述作用外，还产生其他各种各样的物理变化、化学变化。

（1）油脂经高温处理，会产生一些芳香物质。

（2）肉类蛋白质与糖在高温下产生美拉德反应。

（3）淀粉及其他糖类物质在高温下发生糊化反应及焦糖化反应。

（4）一些辛香原料在高温下产生具有挥发性的芳香化合物。

（5）虾、蟹受热后其外壳会变成红色。

[思考与练习]

一、练习题

（一）单项选择题

1. 制汤时汤料的水分受热后其分子加速运动，促进了（　　）作用，可促使汤中的各种成分均匀分布，达到一定的浓度。

A. 分散　　B. 水解　　C. 凝固　　D. 酯化

2. 肥肉与高度的曲酒腌制后，用油煎炸，会产生特别浓的（　　）气味。

A. 芳香　　B. 鲜香　　C. 咸香　　D. 浓香

3. 多种维生素在加热时或与空气接触时均易受到氧化破坏，尤其是其中的（　　）。

A. 维生素 A　　B. 维生素 B　　C. 维生素 C　　D. 维生素 D

（二）多项选择题

菜肴原料在受热以后，由于其性质、形态的不同及烹调方法的不同，质变的状态也是非常复杂的，一般来说，会产生（　　）。

A. 水解作用　　B. 酯化作用　　C. 凝固作用　　D. 氧化作用　　E. 分散作用

（三）填空题

1. 在豆浆中加入石膏或盐卤等电解质，即可凝结成________。

2. 虾、蟹加温以后，外壳的颜色通常由青黄色变成鲜红色，这是虾、蟹外壳所含的________受热色变所致。

3. ________及________在高温下产生的反应及反应?

二、思考题

1. 烹饪原料受热后可发生哪几种变化作用？各自有何意义？

2. 运用不同传热媒介对食物原料进行加热，各有什么特点？

三、活动实践、技能实训题

以小组为单位，用油和用水作为传热媒介分别做实验，体会菜肴成品质感的不同，并写出操作实验报告书。

模块 5

调　味

项目1　味和味觉的种类、调味特点和芡色运用

[项目导学]

调味、刀工和火候一起被称为烹调的三大工艺技术。中国烹饪技术非常注重调味，其技术理论之一就是“味为之本”，即调好菜肴的味道是烹调的根本。菜肴的灵魂就是味，调味是烹调中最重要的组成部分之一。

[教学目标]

【知识教学目标】

1. 了解基本味、复合味、芡、芡色的概念。
2. 弄清基本味与复合味的关系。
3. 掌握芡色的分类。
4. 理解勾芡的意义。

【能力培养目标】

1. 能够理解味的基本概念。
2. 能够掌握常用复合味的调制。
3. 能够掌握常用芡色的运用。

【职业情感目标】

1. 正确认识调味、勾芡在烹调技术中的意义，理解调味是烹调技术的重要组成部分，是厨师烹调技术的重要体现，增强对本专业的情感。
2. 激发学习兴趣，引起学习动机，明确学习目的，进入学习情境。

[案例导入]

在生活中，人们都喜欢吃好吃的食物，这就是味道的魅力。烹制菜肴时，能对菜肴的味道准确把握，制作出美味佳肴，就能得到顾客的称赞、受到顾客的欢迎。

[任务布置]

味是中国菜肴的灵魂，也是评判菜肴质量的一个重要因素。美味既可刺激人的食欲，也能促进消化液的分泌，有利于对食物的消化吸收。五味调和是中国烹饪技术的核心，其内容就是把酸、甜、苦、辣、咸搭配得当，使人感觉和谐适口。味是菜肴的灵魂，如调味不当，就无人愿吃，也就谈不上摄取足够的营养。食无定味，适口者珍。原料天赋之味并非样样迷人，只有依靠调味手段，根据调味料的性质，艺术地进行调配，才能突出原有美味，祛除异味，把单一味变成复合味，如咸鲜味、酸甜味、麻辣味等。

[任务实施]

5.1.1　味和味觉的种类

中国菜肴的味，丰富多彩，变化多端，即使是同一道菜，由于出自不同烹饪师的手，味

也会有所不同。但是，无论菜肴的味如何复杂多变，它们都是由基本味变化而来的。总的来说，菜肴的滋味可分为基本味和复合味两大类。

1）基本味

这里所说的基本味是相对于复合味而言的，主要包括以下一些味道：

①咸味。咸味是调味中的主味。大部分菜肴都要先有一些咸味，然后再调和其他的味道。如糖醋类的菜酸甜口味，但也要先放一些盐，如果不加盐，完全用糖和醋来调味，反而甜中带腻、口味欠佳，甚至做甜点心时，也要先加一点盐，既解腻又好吃。呈咸味的调味品主要有精盐、粗盐。

精盐

②甜味。甜味在调味中的作用仅次于咸味，尤其在我国南方，也是菜肴中一种主要的滋味。甜味可增加菜肴的鲜味，并有特殊的调和滋味的作用，如缓和辣味的刺激感，增加咸味的鲜醇等。呈甜味的调味品有各种糖类，如白糖、蜂蜜、冰糖等。

片糖

③酸味。酸味在调味中也很重要，是很多菜肴不可缺少的味道。由于酸具有较强的去腥解腻作用，因此烹制禽、畜的内脏和各种水产品时尤为重要，呈酸味的调味品主要有红醋、白醋、黑醋、酸梅等。

白醋

④辣味。严格地说，辣是辛辣物质刺激感觉器官所产生的灼痛感，与其他味觉的性质是不同的。辣味具有强烈的刺激性和独特的芳香，除可去腥解腻外，还具有增进食欲、帮助消化的作用。呈辣味的调味品有辣椒及其制品，如辣椒糊（酱）、辣椒粉、辣椒油等，还有胡椒粉及姜、芥末等。

⑤苦味。苦味是一种特殊的味道，除具有消除异味的作用外，在菜肴略微调和一些带有苦味的调味品，还可形成清香爽口的特殊风味。苦味主要来自各种药物，如杏仁、柚皮、陈皮等。

⑥鲜味。鲜味可使菜肴鲜美可口，其来源主要是原料本身所含有的氨基酸等物质。呈鲜味的调味品主要是各类调鲜制品，如味精、鸡精、鱼露等以及含鲜成分高的天然原料及制品，如虾籽、蟹黄、高汤等。

⑦香味。应用在调味中的香味是复杂多样的，其作用是可使菜肴具有芳香气味，刺激食欲，还可去腥解腻。可形成香味的调味品有酒、葱、蒜、香菜、桂皮、花椒、大茴香、芝麻油、桂花、香精等。

2）复合味

复合味，也叫混合味，是由两种或由几种基本味变化而来的，类型众多。常用复合味主要包括：

①酸甜味。酸甜味也称糖醋味，由咸味、甜味、酸味和香味混合而成。带酸甜味的调味汁或调味品主要有糖醋汁、番茄沙司、番茄汁、山楂酱等。

②甜咸味。甜咸味由咸味、甜味、鲜味、香味调和而成。甜中有咸，咸中有鲜，带甜咸味的调味品主要是甜面酱等。

糖醋原料

③鲜咸味。鲜咸味由咸味和鲜味组成。带鲜咸味的调味品主要有酱油、虾油露、鱼露、虾酱、豆豉等。

④辣咸味。辣咸味由辣味、咸味、鲜味和香味组成。带辣咸味的调味品主要有辣酱油、辣油、豆瓣辣酱等。

⑤香辣味。香辣味由香味、辣味、咸味、甜味调和而成。带香辣味的调味品主要有咖喱粉、咖喱油、芥末粉、芥末糊。

⑥香咸味。香咸味由香味、咸味、鲜味组成。带香咸味的调味品主要有花椒盐、葱椒盐等。

⑦麻辣味。麻辣味主要由麻味、辣味组成，带麻辣味的调味品主要有麻辣酱、麻辣汁等。

复合味味型变化范围很大，根据不同区域人们口味的特点，各地都有各自特色鲜明的复合味代表，如川菜的麻辣、江苏菜的清鲜、上海菜的甜咸等。

糖醋成品

茄汁

喼汁

3）味觉的种类

人们在进食食物时由舌头感受到并产生出的感觉，就是人们通常所说的味觉。味觉是由化学呈味物质刺激人的味觉器官舌头而产生的一种生理现象。味觉的种类包括：

①化学味觉。味觉的产生是从舌头上的味蕾开始的，即当食物中呈味物质刺激了舌头上的味蕾，通过生物传输，大脑便产生了味的感觉，同时会产生情绪上的变化，如果味道好，就有愉悦感，如果味道不好，就有不快感。这种由化学呈味物质通过味蕾所产生的味觉被称为化学味觉。

②物理味觉。物理味觉是指人在咀嚼食物时由食物的非化学呈味物质刺激口腔所产生的感觉。这种感觉包括两个方面：一是质感，即由食物的组织结构引起的感觉，如软硬、松实、老嫩、爽糯、脆韧、滑涩、稀稠、酥柔等；二是温感，即由食物的温度引起的感觉，如烫、热、暖、凉、冷、冻等。物理味觉通常称为口感，是菜品质量品评内容之一。

③心理味觉。心理味觉是指人对食物的一种心理感受。当人们面对一盘造型凌乱、色泽暗淡、刀工粗糙的菜品时常常会产生一种不舒服感，不管这盘菜实际的味道好不好，人们都会觉得它不好吃。相反，如果一道菜肴色泽明亮、勾芡均匀、造型美观、热气腾腾，虽然味道稍逊，但仍然会激起人们的食欲。

5.1.2 芡色的运用

芡，指在烹调过程中，在调入的液体调味品中加入一些淀粉，或直接加入一些淀粉，即一般所说的勾芡（或称埋芡、推芡）。因为芡中含有水分，所以也可叫作芡汁。

大部分菜肴都要加调汁和芡汁。只有这样，才能使原料和调料结合起来，达到味和、入味的效果。芡使用得当，菜肴鲜香味美；使用不当，菜肴就大为逊色。厨师历来对汁、芡非常重视，把它们看成调味的关键。

菜肴勾芡，是根据菜肴的性质来决定芡色的。一般是以肉为主色，芡跟肉色。比较例外的是，当配料中有凉瓜、蒜芯、辣椒等时，由于粤菜习惯上要用豆豉酱汁来调味，此时的芡色就不会由肉的颜色来决定，基本变成黑芡。菜肴芡色的调配和运用与菜肴的调味紧密相连。按照粤菜使用的习惯，芡汁按色泽而分，有“六大芡色”，即所谓红芡、黄芡、白芡、青（绿）芡、清芡、黑芡。

①红芡。红芡有大红芡、金红芡、浅红芡、嫣红芡、紫红芡之分。

大红芡：多用茄汁、果汁等调味料，适用于“茄汁鱼块”“果汁猪扒”等。

金红芡：适用于扒鸭、元蹄等，多用红汤或原汁成芡。

浅红芡：火腿汁 70%，淡汤 30%，加入蚝油、胡椒粉、白糖、老抽、麻油、味精、芡粉调制而成，适用于“腿汁扒菜胆”等。

嫣红芡：将三成糖醋、七成芡汤和匀，加入芡粉调制而成，适用于“姜芽肾片”等。

紫红芡：将五成糖醋、五成芡汤和匀，加入芡粉调制而成，适用于“姜芽鸭片”等。

②黄芡。黄芡有金黄芡、浅黄芡之分。

金黄芡：在芡汤中加入芡粉、老抽酱油调制而成，适用于“鲍翅”“油泡土鱿”等。

浅黄芡：用淡汤三成，芡汤七成，加入咖喱和匀便成，适用于“咖喱牛肉”等。

③黑芡。用淡汤五成，芡汤五成，加入豉汁、白糖、老抽和匀，调入芡粉调制而成，适用于“豉汁鸡球”等品种。

④清芡。把上汤、味精、精盐、芡粉和匀便成，适用于“清蒸鱼”“上汤鸡”等。

⑤青芡。将菠菜擂烂挤汁，加入调味料、芡粉和匀调制而成，适用于“菠汁鱼块”等。

⑥白芡。白芡有白汁芡、蟹汁芡、奶汁芡等之分。

白汁芡：把蟹肉捺烂，加上汤、味精、精盐、芡粉推芡后，下蛋清拌匀便成，适用于“白汁虾脯”等。

蟹汁芡：制法同上，但蟹肉不捺烂，适用于“蟹汁鲈鱼”等。

奶汁芡：将上汤、味精、精盐、鲜奶、芡粉推匀即成，适用于“奶油鸡”“奶汁菜胆”等。

芡色的使用是千变万化的，必须根据具体品种合理选择，才能使菜肴色彩和谐悦目，勾人食欲。

白糖

鸡精

精盐

芡汤原料

芡汤成品

清水

味精

[思考与练习]

一、练习题

（一）单项选择题

1. 一般来说，菜肴的滋味可分为（　　）和复合味两大类。

　A. 咸味　　B. 香味　　C. 鲜味　　D. 基本味

2. 青芡一般用（　　）捣汁制作。

　A. 菜心　　B. 芥蓝　　C. 菠菜　　D. 青瓜

3. “豉汁鸡球”的芡色属于（　　）。

　A. 红芡　　B. 黑芡　　C. 金黄芡　　D. 紫红芡

（二）多项选择题

1. 味觉的种类包括（　　）。

　A. 物理味觉　B. 化学味觉　C. 心理味觉　D. 质感味觉　E. 情绪味觉

2. 红芡包括（　　）。

　A. 浅红芡　　B. 大红芡　　C. 嫣红芡　　D. 紫红芡　　E. 金红芡

（三）填空题

1. 物理味觉包括两大方面，一是__________，即由食物的组织结构引起的感觉；二是_________，即由食物的温度引起的感觉。

2. 基本味具体包括_________________________。

3. 嫣红芡是由_______________________构成的。

二、思考题

1. 什么叫作“复合味”？

2. 简述味觉的种类。

三、活动实践、技能实训题

按照配方调制常用的复合味，并写出实验报告。

项目 2　调味的要求、原则和调味方式

[项目导学]

菜肴的风味丰富多彩，食客的饮食偏好千差万别，即所谓“众口难调”。调味用品五花八门，调味方法多种多样，这些都是影响调味的因素。在调味过程中，如何把握好这些因素及其相互关系，使菜肴滋味达到最令人满意的效果，就需要厨师懂得遵循调味的要求、调味的原则以及调味的方式。

[教学目标]

【知识教学目标】

1. 了解调味的概念。

2. 弄清调味在烹调中的作用。

3. 掌握调味的要求和原则。

4. 理解调味的方式。

【能力培养目标】

1. 能够理解调味的基本概念。

2. 能够正确掌握调味的原则。

【职业情感目标】

1. 正确认识调味在烹调技术中的意义，理解并掌握调味技术是一个好厨师的基本功，增强对本专业的情感。

2. 激发学习兴趣，引起学习动机，明确学习目的，进入学习情境。

[案例导入]

家庭制作菜肴，不同的人做出的菜肴会有不同的口味，因为大家对调味的理解和技术水平有差别，但在酒店制作菜肴时，必须按规范、标准的调味手段和方式进行调味，这样才能保证菜肴口味的准确性。

[任务布置]

了解、掌握调味的要求和原则，正确运用各种调味的方式。

[任务实施]

5.2.1 调味的要求

1）下料必须恰当、适时

每种菜肴都有它特定的口味，这种口味是通过不同的烹调方法、调味手段确定的。因此，在调味时所用的调味品种类和数量必须恰当、准确。尤其是多种味的菜肴，必须分清味的主次，要恰到好处地投放各种调味料。如有的菜是甜酸口味的，甜味就应略大于酸味；要是酸甜口味的，则酸味应略大于甜味；有的菜是甜辣咸香口味，则应以甜味为主，辣味次之，咸味再次之。适时，就是按一定的程序准确无误地进行调味，比如同是一种调味品，有的菜在烹制中加入，有的菜在烹制后加入，总之，要按最佳的时间进行。

2）根据原料的不同性质掌握好调味

新鲜原料滋味鲜美，调味不宜过重，以突出原料的本味。如果原料本身已不新鲜，调味就应稍重一些，以便去除原料的不良气味。一些腥膻气味较重的原料，如鱼、虾、羊肉、脏腑类等，调味时要适量加些去腥解膻的调味品，如糖、醋、料酒、花椒、八角、葱、姜等。一些淡而无味的原料，如海参、鱼翅、燕窝、木耳、豆腐、粉条等，要适量增加调味品，有的必须加入鲜汤补充其鲜味。

3）根据季节变化和不同口味要求进行调味

人们的口味随着季节的变化而有所差异。例如，冬季气候寒冷，人们多喜欢浓厚偏咸的口味；夏季气候炎热，人们多喜欢酸辣爽口、清淡的口味。我国地域辽阔，各地的饮食习惯与口味爱好均有不同，因此，要根据季节变化和就餐者不同口味特点调和菜肴的口味。

4）地方风味菜肴要严格按照规格调味

我国的烹调技艺经过长期的发展，已形成了很多各具特色的地方风味菜肴，在烹调这类菜肴时，必须按照特定的规格进行调味，以保持地方风味特色。按一定规格调味的同时，也要提倡在保持风味特色的前提下进行必要的创新。

5.2.2 调味的原则

调味要遵循“有味使之出、无味使之入”的基本原则。同时，要考虑不同地区人们的口味特点，不同人群的口味变化以及季节变化，原材料、调味料的不同性质等方面的因素，采取有针对性的调味方法，才能确保调味的准确性。

1）适时而调

在饮食上，人在不同的季节有不同的偏好，春宜清鲜，夏宜淡爽，秋宜浓烈，冬宜肥厚，应根据季节的变化而在味型上做适当的调整。

2）因人而调

人因地域、职业、习俗、传统等的影响，而对味道有一定的指向性，烹调时应根据不同的进食对象，选择适当的味型，投其所好。

3）因材施味

烹饪原料具有各自的特性，在烹调加工过程中，对烹制、调味均具有一定的适应性。在调味中应尽量贯彻“本味”原则，力求体现原料原有的滋味；贯彻“相宜”原则，使原料之味与调料之味相得益彰。

4）熟悉调料

调味的品种很多，不同的调味品有不同的味道及不同的使用方法、使用特点。熟悉这些方法和特点是保证调味成功的关键。食物滋味的变化是无止境的，要勇于创新。

5）准确投料

调味都是以一定的味型进行的。各种味型在调味品种、数量、用料次序上都有一定的规矩，准确投料即根据菜肴制作和味型的要求，严格按照一定的投料程序、投料数量、投料方法进行。

5.2.3 调味的方式

调味的方式多种多样，如果按调味工艺划分，即从工艺总体来看，调味方式有拌味、腌味、滚煨、烹制加味、淋芡、淋汁、封汁、佐料等，如果从一道菜肴的制作来看，可从菜肴烹制的调味属性和菜肴烹制过程中调味的时机来归纳调味的方式。菜肴烹制的调味属性分一次性调味和多次性调味两种。菜肴烹制过程中则有加热前调味、加热中调味和加热后调味三种方式。

1）按调味工艺划分

（1）拌味

拌味就是在非加热状态下把调味品加入菜肴原料中拌匀。菜肴原料可以是待烹原料，如给鱼片拌盐；也可以是成品原料，如凉拌菜原料拌味和焯菜原料焯后拌味。

（2）腌味

腌味是有目的地把调味品、食品添加剂、淀粉、清水等按需要加进被腌味的原料拌匀，放置一段时间，以改善原料特性的工艺。

（3）滚煨

用有味的汤水加热原料的工艺称煨。汤水的味通常是咸味、鲜味、姜葱味、酒味等。煨主要使原料增加内味和香气，同时可去除或掩盖原料的异味。煨原料前一般应先经清水滚，故此工艺称滚煨。

（4）烹制加味

烹制加味，又称正式调味，指在烹制过程中进行调味，要根据原料和烹制程度适时进行，技术要求较高。烹制加味是一种普遍使用的工艺，在肉料的焖烧烹制中用得尤其多。

（5）淋芡

把有味的芡淋在熟料上的工艺叫淋芡。这些芡通常是特殊味汁芡和原汁芡，如金华玉树鸡、荔脯扣肉、瑶柱扒瓜脯等。芡中有时也会混有一些辅料，如蟹肉扒鲜菇等。

（6）淋汁

淋汁就是把味汁直接淋于熟料上，如蒸熟的鱼淋上蒸鱼豉油。

（7）封汁

封汁是指煎炸的原料成熟后放在锅内，加热调入味汁翻匀的工艺。封汁既能使成品入味，又能保持成品的焦香风味，如鲳鱼封汁等。

（8）佐料

佐料即味碟，与主料一起上桌，由食用者自行蘸加调味，如炸猪排配花椒盐等。

2）按调味属性划分

（1）一次性调味

一道菜肴的调味，只需调一次即可完成的称为一次性调味，如蒸排骨、炒滑蛋、煲汤等。这种方法的调味可在加热前、加热中或加热后进行，可用于热菜，也可用于凉菜，一般用于制作较为简单的菜品。

（2）多次性调味

一道菜肴的调味，需要调两次或两次以上才可完成的称为多次性调味。

3）按调味时机划分

（1）加热前调味

加热前的调味称为基本调味，其目的是使原料具有一个基本的味道，并借以除去原料中的某些不良之味，或是使原料的质地发生利于加工的变化。

正式烹调前的调味一般是对菜肴的主料而言的，通常是把适量的盐、酱油、酒、味精等调味品拌入原料腌渍一下，使其具有基本的味道。这种方式可调节烹制过程中的加工工序，有利于控制原料的成熟度。正式烹调前的调味亦用于一些加热过程中不能或不便进行调味的菜肴，如蒸制菜、微波烹调法等。

（2）加热中调味

加热中调味又称决定性的调味，即菜肴在烹制过程中所进行的调味，通常是菜肴定型调味。每道菜肴都有一定的“味”的特点。这些特点一般都是通过在烹中调味实现的。烹中调味应根据具体的制作要求适时、适量、有序地加入调味品，以最后确定滋味。

（3）加热后调味

加热后调味亦称辅助性调味。有些菜肴虽在烹前、烹中进行了调味，但出于种种原因还不能达到应有的质量标准，有的菜肴在烹制前、烹制中均不宜调味，需烹后进行调味。

加热后调味的一般方法是在菜肴烹制成熟后，撒（浇、拌）上某些调味品，或是将调味品装入调味碟中随菜上席蘸食。

[思考与练习]

一、练习题

（一）单项选择题

1. 烹调时根据不同的进食对象，选择适当的味型，投其所好，是指（　　）。

A. 适时而调　　B. 因人而调　　C. 因材施味　　D. 准确调味

2. 佐料即味碟，与主料一起上桌，由食用者自行蘸加调味，属于（　　）。

A. 基本调味　　B. 决定性调味　　C. 辅助调味　　D. 复合调味

3. 冬季气候寒冷，人们多喜欢浓厚偏咸的口味；夏季气候炎热，人们多喜欢（　　）的口味。

A. 鲜香　　B. 清淡　　C. 浓郁　　D. 麻辣

（二）多项选择题

1. 调味的方式多种多样，如果从工艺总体来看，调味的方式有（　　）。

A. 拌味　　B. 腌味　　C. 滚煨　　D. 淋芡　　E. 飞水

2. 烹前调味亦用于一些加热过程中不能或不便进行调味的菜肴，如（　　）。

A. 蒸制菜肴　　B. 微波菜肴　　C. 焖制菜肴　　D. 炒制菜肴　　E. 炸制菜肴

（三）填空题

1. 新鲜原料滋味鲜美，________，以便突出原料的本味。

2. 在饮食上，人在不同的季节有不同的偏向，春宜__________，夏宜__________，秋宜_________，冬宜________。

3. 加热过程中调味又称________调味，即菜肴在烹制过程中所进行的调味，通常是菜肴定型调味。

二、思考题

1. 调味有哪几项基本原则？

2. 调味的方法有几种？各包含哪些内容？

三、活动实践、技能实训题

分别以炒一份油菜和炒一份肉片为例做实验，记录所用几组不同分量的调味料，得出最合适的调味料分量数据，写出实验报告。

模块 6

上浆、挂糊、勾芡

项目1　上　浆

[项目导学]

上浆，就是在经过刀工处理的菜肴原料表面用以淀粉类为主料制成的有一定黏性的糊浆（薄）包裹，然后进行烹制，使菜肴口感滑嫩、松软并保持原料营养成分的技术方法。

[教学目标]

【知识教学目标】

1. 了解制浆基本种类。
2. 了解不同种类浆的基本用途。

【能力培养目标】

1. 会制作蛋清浆、全蛋浆、水粉浆、苏打浆等基本浆。
2. 掌握浆的种类，并能在菜肴制作过程中正确运用不同的浆。

【职业情感目标】

1. 正确认识各种浆的调制方法及不同的用途，调整心态，增强对本专业的情感。
2. 激发学习兴趣，引起学习动机，明确学习目的，进入学习情境。

[任务布置]

浆的运用，是保证菜肴成品嫩度、口感及保持营养成分的重要手段，通过学习，了解常用浆的种类，能独立调制并正确运用。

[任务实施]

6.1.1　上浆的原料

上浆原料：

调味品

盐

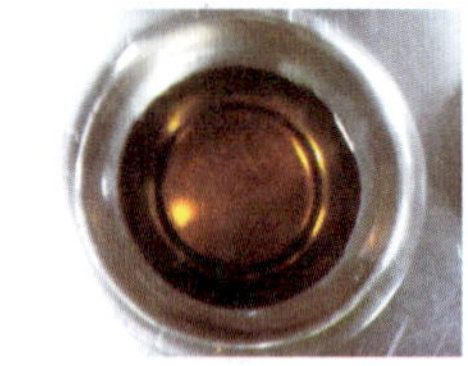

料酒

味精

白胡椒粉

蛋液

水

小苏打

淀粉

6.1.2 上浆的步骤

①先用调味品将菜肴原料腌渍一下，渗透入味，顺同一方向搅拌上劲。

②调散蛋液（但不能打成泡），倒入原料中顺同一方向拌匀。

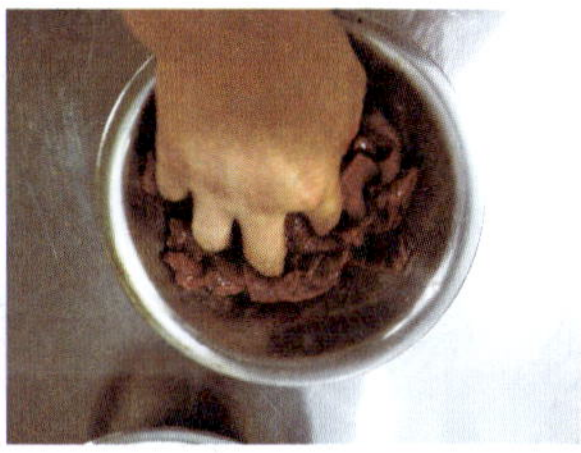

③将淀粉等拌入菜肴原料，使蛋液、淀粉均匀地包裹在菜肴原料的表面。

6.1.3 浆的种类

1）蛋清浆制作

蛋清浆的调制：原料 300 克，蛋清 30 克，淀粉 12 克，盐 3 克，黄酒 10 克，白胡椒粉少许。

例如：青椒肉丝。

步骤 1：放调味品腌渍、上劲。

步骤 2：调散蛋清倒入原料中拌匀。

步骤 3：将淀粉等拌入菜肴原料中。

2）全蛋浆制作

全蛋浆的调制：原料 300 克，全蛋液 45 克，淀粉 15 克，盐 3 克，黄酒 10 克，白胡椒粉少许。

例如：鱼香肉丝。

步骤 1：放调味品腌渍、上劲。

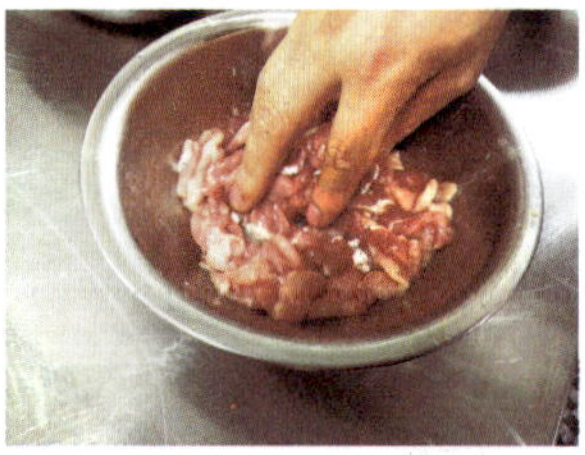

步骤 2：调散蛋液倒入原料中拌匀。

步骤 3：将淀粉等拌入菜肴原料中。

3）水粉浆制作

水粉浆的调制：原料 300 克，淀粉 30 克，清水 60 克，盐 3 克，白胡椒粉少许。

例如：炒肉片。

步骤 1：放调味品腌渍、上劲。

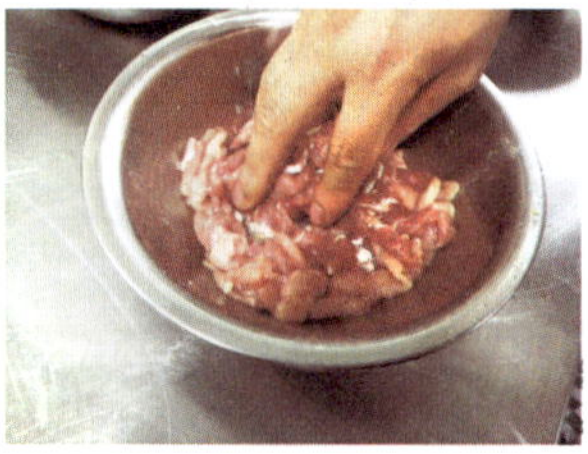

步骤 2：调水淀粉。

步骤 3：将原料倒入水淀粉中拌匀。

4）苏打浆制作

苏打浆的调制：原料 300 克，蛋清 20 克，淀粉 20 克，小苏打 3 克，盐 6 克，黄酒 5 克，水适量，老抽 10 克，白胡椒粉少许。

例如：蚝油牛肉。

步骤 1：放调味品腌渍、上劲。

步骤 2：调散蛋清倒入原料中拌匀。

步骤 3：将淀粉等拌入菜肴原料中。

6.1.4 上浆的作用

①最大限度地保持原料的营养成分。
②使菜肴更滑嫩、鲜香，保持原有风味。
③增加原料形态美。

[思考与练习]

一、练习题

1. 上浆对菜肴有哪些作用？
2. 上浆分为哪几类？
3. 上浆的关键是什么？

二、思考题

结合学过的浆的种类，比较加入不同的原料所产生的不同效果。

三、活动实践、技能实训题

1. 每人回家制作一款上浆的菜肴让家人品尝。
2. 自己创意制作——运用上浆的手法制作不同于课堂所做的菜肴。

项目 2　挂　糊

[项目导学]

挂糊是在初步入味的原料表面挂上一层用淀粉、蛋液、调味料等制成的糊（偏厚）后再进行烹制，使制成的菜肴酥脆、松软、滑嫩的一项技术。

[教学目标]

【知识教学目标】

1. 了解调制糊所用的原料。
2. 理解挂糊在烹调中的作用。
3. 掌握挂糊种类及调制。

【能力培养目标】

1. 能调制基本糊浆。
2. 会运用基本糊浆知识制作菜肴。

【职业情感目标】

1. 正确认识烹饪的作用和意义，调整心态，增强对本专业的情感。
2. 激发学习兴趣，引起学习动机，明确学习目的，进入学习情境。

[案例导入]

小明很喜欢肯德基的鸡腿，对鸡腿表面脆脆的皮层尤其喜欢，可家里却做不出来。其实，这种效果就是在鸡腿表面挂了一层糊再用油炸制后形成的，掌握了这项技术，在家自己就可以做出香喷喷的炸鸡腿了。

[任务布置]

糊的种类较多，调制手法比较复杂，不同的糊体现出来的菜肴质感是不一样的，要正确掌握各种糊的调制方法并准确运用于菜肴。

[任务实施]

6.2.1　挂糊的原料

挂糊的原料以淀粉类为主，根据菜肴的质量要求，添加各种调味品和能提高口感、增加香气的原料，如各类淀粉、盐、味精、白胡椒粉、蛋清、蛋黄、全蛋、小苏打、发酵粉、面包粉、芝麻、松子、核桃粉、瓜子仁及油脂等。

6.2.2 糊调制的步骤要领

①按比例准备好原料。

②将原料按顺序放入容器中，最后慢慢地加水进行搅拌。

③用面粉制糊时盐要放少些，否则容易挂糊不匀。

④挂糊时，糊浆要全部包裹住原料，否则会使原料干瘪变老，影响口感。

6.2.3 糊的种类

糊分蛋清糊、全蛋糊、水粉糊、干粉糊、脆皮糊等。

1）蛋清糊的制作

蛋清糊是用蛋清、淀粉或面粉调制而成的，用料比例是 1 ∶ 1，可加适量水。蛋清糊多用于软炸类菜肴，如软炸鱼条等。

2）全蛋糊的制作

全蛋糊又称蛋粉糊，是用整只蛋（蛋清、蛋黄均用）、干淀粉或镶粉（粳米粉和糯米粉各半）调制而成的，用料比例是 1 ∶ 1，可加适量水。这种糊能使菜肴外酥脆、内松嫩，色泽金黄，通常用于炸熘类菜肴，如芝麻鱼排等。

3）水粉糊的制作

水粉糊是用干淀粉和清水调制而成的。干淀粉与清水的比例约为 2 ∶ 1（要看淀粉的质量，不可一概而论）。水粉糊的稀稠程度以能裹住原料为宜。这种糊能使菜肴干香脆硬、色泽金黄，适用于炸熘类菜肴，如脆熘黄鱼等。

4）干粉糊的制作

干粉糊主要用料是干淀粉。挂糊时，把处理过的原料均匀裹上干淀粉。这种糊多用于剞花刀原料，能使菜肴香脆松软、色泽金黄，成品花纹清晰，多用于炸、脆熘类菜肴，如菊花青鱼等。

5）脆皮糊的制作

脆皮糊是用小苏打（或者发酵粉、吉士粉等）5 克，面粉 500 克，淀粉 150 克，植物油 50 克，水 650 克调制而成的。脆皮糊能使菜肴外松脆、内鲜嫩，形态饱满、色泽金黄，成品表面不仅脆度高，还有一定的酥松度，如脆皮明虾等。

6）拖蛋糊滚面包粉的制作

拖蛋糊滚面包粉是将处理过的原料先调味腌渍后蘸上一层面粉，再裹上蛋液，最后裹上面包粉（也可蘸上芝麻、桃仁、松仁、瓜子仁等）。其用料标准是原料 100 克，蛋 10 克，淀粉 10 克，面包粉 50 克，其作用是使菜肴外脆里嫩、色泽深黄，多用于炸类菜肴，如面包牛排、香炸猪排等。

6.2.4 挂糊的作用

挂糊的作用如下：

①保持原料的固有风味，并使菜肴外部香脆酥松，内部鲜嫩。由于受糊层的保护，原料不直接接触高温，热油也不易浸入其内部，原料内部的水分和鲜味不易流失。这样不仅能保持原料的鲜嫩，而且通过采用不同的火候控制油温，可使原料外脆里嫩。

②美化菜肴。裹糊后，菜品形态饱满、丰润，并且通过不同的油温调控和糊的调制，可使菜肴成品呈现丰富的形态和色泽。

③保持和增加菜肴的营养成分。挂糊处理后，原料就由直接受热变为间接受热，原料中的营养成分不会损失过多。不仅如此，糊浆本身就是由营养丰富的淀粉、鸡蛋等组成，增加了菜肴的营养价值。

④增加菜肴的特殊风味和质感。原料裹上面包糠、芝麻等增加不同的香味、口感，挂上脆皮糊，能达到成品饱满、松脆的效果。

6.2.5 挂糊与上浆的区别

①操作过程上的区别：挂糊一般先制糊，后把腌渍的原料逐一从糊中拖过，使糊均匀地包裹在原料上；上浆则把各种调味品及淀粉等直接投入菜肴原料搅拌上劲。

②糊浆厚度上的区别：挂糊较上浆厚。

③用料上的区别：挂糊使用的原料种类较多，有淀粉、面粉、米粉、面包粉等；上浆一般以淀粉为主。

④烹调方法上的区别：挂糊适用于炸、熘、煎等烹调方法；上浆适用于炒、爆等烹调方法。

⑤用油量与温度上的区别：挂糊原料下锅的油温要高，油量要大；上浆原料下锅的相对油温要低，油量略小。

⑥成品外形和口感上的区别：挂糊的原料成品形态饱满，质感上有酥、脆、嫩、香等特点；上浆的原料成品形态光滑，质感上有香、嫩、软等特点。

[思考与练习]

一、练习题

1. 挂糊有什么作用?

2. 干粉糊和水粉糊有什么区别?

二、思考题

1. 全蛋糊与蛋清糊使用时油温有什么差别?

2. 加入松子、芝麻的糊，能起到什么效果?

三、活动实践、技能实训题

回家调制全蛋糊并且试制一道菜肴——炸里脊。

项目3 勾 芡

[项目导学]

勾芡使菜肴表面附着一层黏性的汁水，使菜肴色泽光洁润滑，滋味醇厚。这样的菜肴既美观又入味。

[教学目标]

【知识教学目标】

1. 了解调制芡所用的原料。
2. 理解勾芡在烹调中的作用。
3. 掌握勾芡的种类、基本手法。
4. 勾芡操作要领。

【能力培养目标】

1. 会制作对汁芡。
2. 烹入翻拌法勾芡。
3. 淋入翻拌法勾芡。
4. 淋入晃匀法勾芡。

【职业情感目标】

1. 正确认识芡汁的实用性，调整心态，增强对本专业的情感。
2. 激发学习兴趣，引起学习动机，明确学习目的，进入学习情境。

[任务布置]

勾芡也称着芡、拢芡、着腻。芡是一种稠状液体，一般是用淀粉汁和各种调味品兑成的。菜肴在接近成熟时，将调好的汁芡浇淋或泼洒在菜肴中，利用淀粉受热糊化的原理，使卤汁变黏变稠，从而使菜肴色泽光洁润滑，滋味醇厚。

[任务实施]

6.3.1 勾芡的原料

（1）绿豆淀粉

绿豆淀粉细腻、黏性足，颜色洁白微带青绿色，有光泽，但吸水性较差。因此要掌握好用量，在使用前将其浸在水中泡透，还要经常换水，否则容易变质。用绿豆淀粉勾芡可使菜中的卤汁非常均匀，无沉淀物又不吃油。冷却后水不易从浓稠的卤汁中分离出来，效果极好。

（2）土豆淀粉

土豆淀粉质地细腻，在所有淀粉中首屈一指，质量与绿豆淀粉差不多，并且色泽洁白，调制成的淀粉糊晶莹剔透，勾芡后汤汁如丝绸般柔滑。但勾芡后吸收水分的能力略差，长时间放置易泻芡。

（3）玉米淀粉

玉米淀粉糊化后黏性足，吸水性比土豆淀粉强，有光泽。脱水后脆硬度强于其他淀粉。

（4）麦淀粉

麦淀粉黏性和光泽均较差，使用时用量必须比玉米淀粉多，否则勾芡后易沉淀。

（5）蚕豆淀粉

蚕豆淀粉黏性充分，吸水性较差，色洁白、光亮，质地细腻，是我国江南一带使用较为普遍的勾芡原料。

（6）山芋淀粉

山芋淀粉黏性差，吸水性较强，无光泽，色暗红带黑，质量最差。勾芡后易沉淀，使用时，量必须多一些。

6.3.2 勾芡的作用

（1）保证菜肴原汁入味

勾芡后，由于淀粉的糊化作用，原料溢出的水分和加入的液体调味品变成卤汁，稍加旋翻，就均匀裹在菜肴上，既达到汁少的要求，又解决了入味的问题。

（2）保证成品持有口感

这种作用在熘菜中最为明显。熘菜的最大特点就是外香脆、内软嫩，如糖醋鱼等。这类菜肴为了外香脆，都要经炸或煎处理，但在回锅调味时，调味汁渗透到原料表面，使之发软，破坏了香脆的效果。这类菜肴必须在调味汁中加入淀粉，先在锅内勾芡，使调味汁变浓变稠，成为卤汁，在较短的时间内裹在原料上。淀粉糊化变黏的调味汁虽然裹在原料上，却不易渗进原料，这样就保证了菜肴外香脆、内软嫩的风味特点。

（3）融合汤菜

这种作用在以烩、煮等烹饪方式制作的菜肴中最为明显。这类菜的特点是汤水较多，特别是原料本身的鲜味和调料的滋味都会溶解在汤汁中，汤味特别鲜美。但缺点是汤、菜分家，不能融合在一起。勾芡以后，由于淀粉的糊化作用，汤汁的浓度提高了，使汤、菜融合在一起，不但增加了菜肴的滋味，还产生了滋润滑嫩的特殊效果。因此在这一类菜肴中，大多都要适当勾芡，以提高菜肴的风味特色。

（4）突出主料

有些汤菜汤水很多，主料往往沉在下面，上面见汤不见菜，特别是一些名菜，如银丝干贝等，若主料不浮在汤面，就会影响菜的风味质量。采用勾芡办法，适当提高汤的浓度，使主料上浮，突出了主料，而且汤汁也变得滑润可口。

（5）增加色泽

淀粉受热变黏后会产生一种特有的透明光泽，能把菜肴的颜色和调味品的颜色更加鲜明地映衬出来。因此勾芡的菜肴比不勾芡的菜肴色彩更鲜艳，光泽更明亮，显得洁爽美观，起到锦上添花的作用。

（6）保温性好

芡汁裹住菜肴的外表，减缓了菜肴内部热量的散发，能较长时间保持菜肴的温度。特别是对一些需要热吃的菜肴（冷了就不好吃），芡汁不但起到了保温作用，实际上也起到了保质作用。

（7）减少营养成分的损失

勾芡还可使菜肴在烹调过程中溶解到汤汁里的营养物质黏附在糊化的芡汁上，以免随菜汤流失。

6.3.3 对汁芡制作

对汁芡是在勾芡之前用淀粉、鲜汤（或清水）及有关调料勾兑在一起的淀粉汁。它可使烹制过程中的调味和勾芡同时进行，常用于爆、炒等需要快速烹制成菜的菜肴。它不仅满足了快速操作的需要，还可先调准滋味，便于把握菜肴味型。

6.3.4 水粉芡制作

水粉芡是用淀粉和水调匀的淀粉汁。除了爆、炒等菜之外，其他菜肴几乎全都用水粉芡。不论是兑制对汁芡还是水粉芡，都要注意淀粉的吸水性能和菜肴对芡汁的要求。

6.3.5 勾芡方法

1）烹入翻拌法

在菜肴接近成熟时，将对汁芡倒入迅速翻拌，使芡汁将菜肴原料均匀裹住。或者先把对汁芡烹入热锅中制成芡汁，再将初步熟处理的菜肴原料倒入，翻拌均匀。

2）淋入翻拌法

淋入翻拌法的裹芡形式与烹入翻拌法相同，不同之处在于不是将所用淀粉汁一次烹入，而是缓慢淋入。用水粉芡进行爆、炒、熘等菜肴的勾芡时常用此法。

3）淋入晃匀法

淋入晃匀法的芡汁下锅方式与淋入翻拌法相同，芡汁裹匀菜肴原料的方式却不一样。它是在菜肴接近成熟时，将淀粉徐徐淋入汤汁中，边淋边晃锅，或者用手勺推动菜肴原料，使菜肴原料和芡汁融合在一起的勾芡方法。淋入晃匀法常用于扒、烧、烩等菜肴的勾芡。

4）浇黏上芡法

浇黏上芡法中芡汁入锅的方式可以是一次倒入，也可以是徐徐淋入，菜肴原料上芡的方式与前几种方法大相径庭。它是在原料起锅之后再上芡，或者将芡汁浇在已装盘的成熟原料之上，或者对成熟原料及酿制花色菜直接上芡，后者适用于需要均匀裹芡又不能翻拌的菜肴原料的上芡。

6.3.6 勾芡操作要领

1）淀粉搅拌要均匀

要使淀粉颗粒在水中充分溶解，不能夹有粉粒疙瘩，否则影响勾芡的效果。

2）在菜肴接近成熟时勾芡

一般勾芡必须在菜肴即将成熟和汤汁黏稠时进行，如果菜肴未熟就勾芡，芡汁在锅中停留时间过长，容易出现焦煳现象；如果在菜肴过于成熟时勾芡，由于芡汁会受热变黏，因此要延长烹制的时间，这样会使菜肴失去脆嫩口味，达不到烹调的要求。

3）汤汁用量要准确

不同的勾芡方法，要有不同量的汤汁与之适应，过多过少都会破坏勾芡的效果。如拌芡要求没有汤汁或汤汁很少，淋芡的汤汁必须适当。当汤汁过多，影响勾芡效果时，作为补救，可用旺火收汁，或舀出一些；汤汁过少，则要添加一些，以与勾芡相适应。但添加汤汁时，要从锅边淋入，不能直接浇在菜肴上，否则会冲淡菜肴的色泽和口味，即造成色彩不匀、浓淡失调等问题。

4）勾芡须先调准色、味

勾芡必须在菜肴的色彩和味道确定后进行，勾芡后再调色、味，调料很难均匀分散，也很难被菜肴吸收，还会影响菜肴的造型等。勾芡一般与调味料同时或在调味料调配准确以后进行，除爆炒菜因加热时间很短，而将调味料与淀粉汁一起下锅勾芡外（行业中称对汁芡），其他菜肴都是在各种调味料投放并调准以后才用淀粉勾芡。如果着芡后再添加调味品则不易入味，因为淀粉糊化后，卤汁浓稠，特别是一些芡汁较厚的菜肴，它们对调味料有阻碍作用，很难进入糊化的体系中，即使部分进入，也很难均匀分布。添加的固体调味料由于糊化体系的作用溶解能力减弱，就更加不能均匀地进入糊化体系，反而会造成色泽不匀，味道出现偏差。

5）控制好火候

下芡时要汤汁沸滚。这是因为芡汁受热糊化时，将逐步阻碍热的传导（当然这也是芡汁保温好的原因）。如果汤汁未开或火力过小就很容易使芡汁成熟不均匀。而芡汁不完全成熟所造成的最大弊病就是淀粉腻味突出，严重影响菜肴本身的味道以及光泽。当然，即使在火力足、汤汁宽的情况下，也要密切注意芡的成熟分布情况，以便分次下芡，取得令人满意的勾芡效果。例如，烧菜时可以观察，锅中哪里起泡，即说明那里缺芡，及时补芡后最终使芡均匀地黏裹住菜肴。

6）底油不能多

芡汁受热吸水糊化，油多了会影响吸水，且使芡汁难以包裹原料。如果勾芡前发现底油过多，可用勺子撇去一些，直至适量；底油过少也不行，会使芡汁成熟时严重粘锅，以致焦糊。

[思考与练习]

一、练习题

1. 原料为什么要勾芡？
2. 勾芡操作要领有哪些？
3. 常用的勾芡方法有哪些？

二、思考题

1. 勾芡为什么能起到保持营养成分的作用？
2. 勾芡的时机很重要，请试着分析“红烧鱼”勾芡的正确时机。

三、活动实践、技能实训题

在家里调制水粉芡并试制一道菜肴——文思豆腐羹。

模块 7

热菜烹调方法

[模块导学]

热菜烹调方法是中式烹调技艺的核心与灵魂，是几千年来烹调实践的总结。烹饪专业的学生必须充分认识其重要地位，认真领会其真谛，扎实掌握其应用技巧，并在掌握相关烹调方法的基础上，用发展的眼光，紧随时代步伐，把中式烹调技艺发扬光大。

[教学目标]

【知识教学目标】

1. 了解热菜烹调方法的概念及分类。
2. 掌握常见烹调方法的概念、操作流程、技术要领、成菜特点。
3. 正确区分类似烹调方法的异同。
4. 正确区分常见烹调方法的代表菜肴。

【能力培养目标】

1. 掌握常见烹调方法的操作要领。
2. 能较熟练地应用相应烹调方法制作符合质量标准的相关菜肴。
3. 掌握烹调方法操作的基本规律。

【职业情感目标】

1. 养成遵守规程、安全操作、整洁卫生的良好习惯。
2. 形成程序化、标准化的操作流程意识。
3. 继承、创新中式热菜烹调技艺。

烹调方法的概念和分类

人们把经过初步加工和切配成型的原料通过加热、调味等手段，制成具有不同风味的菜肴的方法称为烹调方法。目前，烹调方法主要按传热介质和冷热菜式进行分类。

1）按传热介质分类

按传热介质分类，热菜烹调方法可分为水烹法、油烹法、汽烹法、固体烹法、电磁波烹法，以及多种传热介质综合应用的混合烹法。

2）按冷热菜式分类

按冷热菜式分类，烹调方法可分为冷菜烹调方法和热菜烹调方法。

为方便学生掌握相关知识，本模块按传热介质分类进行烹调方法的学习，对常见的水烹法、油烹法和汽烹法等烹调方法进行重点学习。

项目1　水烹法

[案例导入]

红烧类菜肴是同学们熟悉的，但如何把红烧类菜肴做到“色泽红亮、味型多样、口感软糯、鲜香醇厚”却是大家不熟悉的。本项目将带领同学们走进水烹法，让大家掌握以水为传热介质的烹调方法。

[任务布置]

理解水烹法的概念及分类，明确水烹法的成菜特点，掌握水烹法的工艺流程，领会水烹法的操作要领，弄清水烹法所适用的原料，能举例说明其代表菜肴，通过理论的学习指导实践。

[任务实施]

水烹法是指菜肴的成熟过程主要以水作为传热介质的烹调方法，包括烧、烩、煮、炖、氽、扒、焖、煒、煨、灼、塌、蜜汁、涮等。

7.1.1　烧

烧是将刀工成型的原料直接（经初步熟处理后）放入已调好味的汤（水）锅中，先用旺火加热至沸腾，再用中小火烧透入味后收汁成菜的烹调方法。其成菜味型多样、口感软糯。按工艺特点和成菜风味，烧可分为红烧、白烧和干烧；此外，与红烧基本相同的还有葱烧、辣烧、酱烧等。

1）红烧

（1）概念

红烧是指将刀工成型的原料经过初步熟处理后，放入已定好色、调好味的汤锅内，大火加热至沸腾后改用中小火加热至熟，再收汁或勾芡成菜的烹调方法。

红烧——红烧鳊鱼

（2）成菜特点

色泽红亮、味型多样、口感软糯、鲜香醇厚。

（3）工艺流程

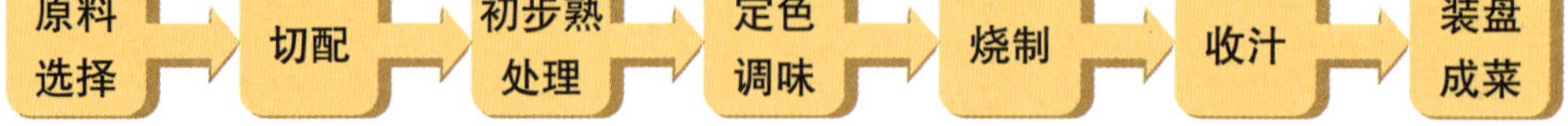

①选料、切配。根据菜肴烧制时间的长短，选择与主料质地相同或相似的辅料，使成菜的质感一致。适合烧制的原料规格一般是条、块、厚片及自然形态，主辅料形态应相似、相近或辅料能美化突出主料。

②初步熟处理。红烧原料大多需要经过初步熟处理，其熟处理方法应根据具体菜品而定。

③调味烧制。根据原料的质地、形态及菜肴的质感决定汤量。烧制前先调制好汤的色和味，有利于热渗透入味。烧制可分两次调味，第一次为基础调味，第二次为定味调味。烧制中要控制好菜肴色泽。

④收汁装盘。一般质感老韧的原料，烧制后要求质感软烂，故烧制时间稍长，可勾芡后成菜；质感细嫩的原料，烧制时间短，需勾芡后成菜；富含胶原蛋白质（或淀粉）的原料，因其胶质重、淀粉多，以蒸发收汁为好。

（4）操作要领

烧制菜肴时，如果有多种不同质地的原料，可利用初步熟处理来调节成熟程度，初步熟处理（炸、煎、煸等）时不可上色过重，否则会影响成菜的色泽；也可在烧制过程中通过不同投料顺序来达到同一成熟度。烧制时忌用大火猛烧，以防粘锅、焦锅。烧制时间短的红烧菜肴，一般要求质感细嫩，以刚熟入味为好，然后用水淀粉勾芡；烧制时间较长的红烧菜肴，要掌握好加入的鲜汤量、烧制的时间、菜肴的质感和火力。"少着水，慢着火，火候足时它自美"，切忌中途加入冷水（汤）。制作红烧类菜肴时，要恰当选用糖、酱油、豆瓣、辣酱、料酒、葡萄酒、面酱、番茄酱等原料上色，不要一次下足，以防颜色过深，将菜肴的色泽层次与味感浓淡相结合，不同的味感有相宜的菜肴色泽，如甜咸味以橘红色、咸鲜味以茶红色、家常味以鲜红色、五香味以棕红色相配等。为了保证烧制菜肴的质量，半成品加工与烧制相隔时间不宜过长，以免影响菜肴的色、香、味、形。把好收汁关，芡汁浓度不宜过稠，以既能挂住主料，又呈流质状态分布为宜。保持菜肴清爽不杂乱，部分调味品使用后应予以清除，如姜、葱、泡红辣椒等；香料、花椒应用纱布袋装好，使用后取出；豆瓣、辣酱应炒香取味后滤去豆瓣渣等。

（5）适用原料

海味、河鲜、家禽、家畜、豆制品、植物类等原料都可用来烧制红烧菜肴。

（6）代表菜肴

红烧肉、红烧鱼、豆瓣鱼、红烧牛尾、梅干菜烧肉、麻婆豆腐等。

2）白烧

（1）概念

白烧是指将刀工成型的原料经过初步熟处理后，放入已调好味的无色汤锅内，大火加热至沸腾后改用中小火加热至熟，收汁或勾芡成菜的烹调方法。白烧是与红烧相对应的，因用此法烧制的菜肴色白或能体现原料本色而得名。

（2）成菜特点

咸鲜醇厚、质地软嫩、鲜香味厚；白烧选用无色的调味品来保持原料本身的色泽。

（3）工艺流程

同红烧流程。

（4）操作要领

原料要求新鲜无异味、滋味鲜美。调味品要求无色，常以高汤佐味，忌用酱油或其他有色调味品或辅料。菜肴的复合味主要是咸鲜味、咸甜味等。烧制时咸味不能过重，要突出白烧原料本身的滋味，味感要求醇厚、清淡、爽口。白烧原料熟处理常采用焯水、滑油、汽蒸等方法，这些方法在实施过程中，除了达到初步熟处理的目的外，还在原料保色、提高鲜香度、增加成菜细嫩质感等方面起重要作用。白烧时忌用大火猛烧，汤汁保持乳白色，勾芡宜薄，一般多用奶汤烧制。

（5）适用原料

同红烧原料。

（6）代表菜

白烧鱼、烧二冬、浓汁浇鱼肚、雪花海参等。

3）干烧

（1）概念

干烧是指将加工切配后的原料，经过初步熟处理后，用中小火加热，将汤汁收干亮油，使滋味渗入原料内部的烹调方法。

（2）成菜特点

色泽金黄、质地细嫩、味透入里、鲜香亮油；干烧菜肴不勾芡。

（3）工艺流程

原料选择 → 初步加工 → 切配 → 熟处理 → 调味烧制 → 收汁装盘 → 成菜

①选料、加工。应选择软糯、细嫩、鲜美的原料，干货原料还应控制涨发程度。要最大限度地将干烧原料的腥、膻、臊、涩等异味和影响菜肴质感的部分去除。

②切配、熟处理。干烧的原料一般加工成条、块或呈自然形态，干烧前要经过油炸或滑油等熟处理，保持原料形整不烂，增加鲜香、醇厚的滋味，缩短烹调时间。

③调味烧制。常用的复合味有家常味、咸鲜味、酱香味、麻辣味等味型，都需要两次调味，第一次是定味调味，在原料下锅后、汤汁沸腾前进行；第二次是辅助调味，在菜品成熟后、收汁亮油的过程中进行。

④收汁、装盘成菜。收汁应在干烧的菜品基本符合烹调要求时自然进行，使烧制和收汁同时达到效果，汤汁基本收干。装盘要突出主料，丰满，清爽悦目。

（4）操作要领

干烧菜肴宜小火烧制，用旺火收汁时，要不停地转动锅，防止菜原料粘锅；当主料完全成熟后，再收尽汤汁。原料在烧制过程中要适时翻动，使汤汁浸润原料，入味均匀；胶质重或不易翻动的菜肴，火力不宜过大过猛，防止菜肴粘锅、焦锅。特殊调味品应滤出，如豆瓣辣酱，应用中小火将其炒香炒红，加入鲜汤加热至沸腾出味后，用漏勺滤去豆瓣渣，再放入原料烧制，使成菜清爽。干烧菜肴时加入鲜汤要适量，应根据原料的质地、烧制时间灵活掌握，一般细嫩、易熟、水分重的原料，宜少加鲜汤；反之，可适当多加。合理调味，干烧的调味品较多，如糖、酱油、料酒、醪糟汁、甜面酱、豆瓣辣酱等，要掌握其色泽的深浅、它们之间的配合、加入的先后顺序等，以发挥调味品在色、香、味方面的最佳效果。

（5）适用原料

海参、猪肉、牛肉、蹄筋、鱼、虾、鸡、鸭、兔，部分茎类、豆瓜类蔬菜等。

（6）代表菜

干烧鱼、干烧鲳鱼、干烧岩鲤、干烧冬笋、干烧紫鲍、干烧牛腩等。

7.1.2 烩

1）概念及分类

烩是将小型易熟的原料经上浆（或不上浆）、滑油（或不滑油）或成熟后放入用调料炝锅（或不炝锅）的汤汁中，用旺火烧沸后迅速勾芡的烹调方法。按成菜色泽，烩可分为红烩、白烩等。

2）成菜特点

用料多样、汤料各半、汤汁微稠、滑嫩爽口、色泽美观、清淡鲜香。

3）工艺流程

原料选择 → 刀工成型 → 初步熟处理 → 加汤调味 → 入主辅料 → 勾芡 → 装盘成菜

4）操作要领

原料要求新鲜无异味。凡禽畜肉类的生料（主料），切制后均宜上浆，并经滑油后再烩制；凡植物类的生料（主料），切制后均宜焯水后再烩制；凡熟料（主料）经加工后，可直接烩制。放入主料后，汤汁不宜久煮，以防止汤汁浑浊。汤汁与主料的比例宜大体相等，或主料略少于汤汁。原料熟处理时要注意保色、保形，保持鲜香度，保持细嫩质感。在烩制前一般都用姜、葱炝锅取香味，并在成菜前拣出姜、葱。

5）适用原料

以鸡、鸭、猪肉、鱼、海产品、笋菌、根茎类蔬菜等为主。

6）代表菜

白果烩虾仁、三鲜海参、烩鸭四宝等。

7.1.3 煮

1）概念及分类

煮是指将加工处理后的原料或半成品，经旺火烧沸后再用中小火加热调味的一种烹调方法。煮制菜肴具有质感软嫩、汤宽味醇、汤菜合一的特点。煮可分为白煮、汤煮等。

2）成菜特点

汤菜合一、口味多样。

3）工艺流程

原料选择 → 初步加工 → 切配 → 直接处理或熟处理 → 煮制调味 → 装盘成菜

①加工、切配。煮制要选择新鲜无异味、质嫩易熟的原料。蔬菜类原料应削去粗皮，撕去老筋；猪肉原料要清洗干净，适合煮制的原料规格主要是丝、片。部分原料如带皮猪肉、

鱼、豆制品、少数蔬菜，要经过初步熟处理后再煮制。

②煮制调味。锅内加入鲜汤，放入加工处理后的原料，加入所需调味品调味，用旺火加热至沸腾，改用小火或中火继续加热至断生或刚熟、软熟起锅成菜。

4）操作要领

主料老韧的用小火；主料较嫩的则用中火或小火；凡是有异味的主料，在正式煮制前都必须经过焯水处理。菜肴成熟后要及时起锅成菜，过分煮制会影响成菜质量。煮制菜肴要掌握好汤、菜的比例，避免菜少汤多或菜多汤少。煮制菜肴时加入葱、姜、花椒等调味品能除异增香，成菜前拣去，可使菜肴整洁美观。煮制菜肴时中途不宜添加水；白煮汤汁要保持浓白，火力不宜过大。

5）适用原料

鱼、猪肉、豆制品、蔬菜等原料。

6）代表菜

大煮干丝、奶汤素烩、水煮肉片等。

川菜中，还有一种水煮的方法，是用鸡、鱼、猪肉、牛肉切片码味上浆，直接滑油后放入调好味的汤汁中煮熟，勾芡，使汤汁浓稠。装碗时，先将鲜菜炒熟垫碗底，再盛入主料，撒上剁细的辣椒、花椒末，再泼热油成菜。如水煮牛肉、水煮猪肉、水煮鱼、水煮风脯等麻辣味型的系列菜肴。此外，还有以卤汁或豆豉等为调料，把主料煮熟食用的卤制法，此类菜肴如夫妻肺片、卤煮鸡、糟煮鸡等。

7.1.4 炖

1）概念及分类

炖是将经整理的较大型的原料，加汤水及调料，先用旺火烧沸后用中、小火长时间加热至主料软烂成菜的烹调方法。根据加热方式不同，炖可分为水中炖、隔水炖、蒸炖等。

炖——清炖鸡

2）成菜特点

软烂形整、汤菜合一、原汤原味、滋味醇厚。

3）工艺流程

原料选择 → 刀工成型 → 初步熟处理 → 加汤调味 → 中、小火长时间加热 → 原料软烂 → 成菜

4）操作要领

清炖主料焯水时，一定要使主料内部的血质析出，然后用清水洗净，才能保证炖制后的汤汁清澈。必须用旺火使锅内的水始终处于滚沸状态，才能保证隔水炖的主料按时成熟。不隔水炖时，宜取原料组织较粗老的部位，可整用，也可改刀成块；炊具宜用散热较慢的陶器或瓷器；宜用小火炖制，使锅中汤汁保持微沸状态，否则汤汁易变浑，影响菜肴质量；加盐必须在菜肴快完全成熟时进行，加盐过早影响主料的软烂度且降低汤汁的鲜度。主料要先煸

炒后再炖，要煸透、炒透；在煸炒过程中，要加有色调料（糖色）将主料上色，以保证炖制主料的色泽纯正。主料经挂糊、油炸再炖时，糊要挂得薄而匀，忌过厚，如过厚，经炸再炖时，糊易“脱袍”，影响菜肴的质量；油炸时间应稍长些，使糊变得焦硬一些，挂糊后炖制忌用旺火，防止粘锅或“脱袍”。

5）适用原料

鸡、鸭、鹅、鱼、猪肉、牛肉、羊肉等动物性原料及人参、蘑菇、萝卜、土豆等植物性原料。

6）代表菜

侉炖鱼、小鸡炖蘑菇、清炖鸡、炖咸鲜、炖酥肉、炖鹅、萝卜炖羊肉等。

7.1.5 汆

1）概念及分类

汆是将质地脆嫩的小型原料上浆（不上浆）后下入汤锅中，运用中火或旺火短时间加热至熟，使成菜汤多于主料几倍的烹调方法。汆可分为清汆、浑汆等。

2）成菜特点

汤宽不勾芡、加热时间短、咸鲜清香、质感软嫩。

3）工艺流程

原料选择 → 切配 → 上浆（制泥） → 熟处理 → 调味 → 装盘 → 成菜

4）操作要领

主料成型以细薄为宜，汤汁多于主料，一般情况下要用清汤。质量好、要求高的高档主料要用高级清汤；有的主料在汆制前要经焯水处理，但要防止过老。需要上浆的主料，宜用稀浆，且要做到吃浆上劲，防止脱浆；汆制主料时，汤汁不要沸滚，否则，主料易碎散或使汤色变浑，要随时将浮沫撇净。

5）适用原料

鲜嫩而不带血污的动物性原料。

6）代表菜

爽口丸子、茉莉花汆鸡片、豆花鱼片汤、竹荪汆鸡片等。

7.1.6 扒

1）概念及分类

扒是将初步熟处理的主料进行刀工处理，叠码成型后整齐地放入调好味的汤汁中，烧透入味后通过晃勺、勾芡和大翻勺，保持原形装盘的烹调方法。扒按颜色可分为红扒、白扒等。

2）成菜特点

造型美观、排列整齐、口味醇厚、油明芡亮。

3）工艺流程

原料选择 → 改刀 → 初步熟处理 → 刀工成型 → 码味 → 炝锅 → 加汤调味 → 入料 → 烧透入味 → 勾芡 → 大翻勺 → 成菜

4）操作要领

主料须先经过汽蒸、焯水、过油等初步熟处理，有时需用复合的方法，扒制入味。扒制前主料要经过拼摆成型处理，以保持较整齐美观的形状。主料下锅时应平推或扒入，加汤也要缓慢，或沿锅边淋入，以防菜形散乱。烹制时用小火，避免汤汁翻滚影响菜形完整。勾芡时应徐徐淋芡，并不断晃动锅，防止粘锅。芡汁用量不宜多，应以刚能挂满主料并有极少量的芡汁流动为宜。

5）适用原料

鱼肚、海参、鸡、鱿鱼、鲍鱼等动物性原料及各种蔬菜。

6）代表菜

白扒猴头、香菇扒菜心、芦笋扒鲍鱼、海参扒鸡脯、红扒鲨鱼唇等。

7.1.7 焖

1）概念及分类

焖是将经加工和初步熟处理的主、配料，以较多的汤水调味后盖严锅盖，用中、小火较长时间地加热，使主、配料酥烂入味的烹调方法。焖按色泽可分为红焖、黄焖。

2）成菜特点

汤汁浓稠、质感酥软、口味醇厚。

3）工艺流程

原料选择 → 刀工成型 → 初步熟处理 → 炝锅 → 加汤调味 → 入料加锅盖 → 烧至软烂 → 收汁 → 成菜

4）操作要领

红焖因成菜色泽深红而得名，故调色不要过浅；主、配料在加汤焖制时，要一次性加足，不宜中途加汤或焖制后加汤；焖制时，必须用慢火并加盖；焖至中途时，可调整一下主、配料的位置，以便受热均匀并防止焦煳。黄焖因成菜色泽黄润而得名，故调色不宜过深或过浅；主、配料在初步熟处理时，要使其表面呈黄色，即为用黄焖制法成菜打下底色；主、配料在加汤和调料焖制时，汤汁的颜色应以浅色为宜，当主、配料软烂后，随着汤汁的减少，汤汁的颜色也会加深，因此，要留有充分的余地。

时下罐焖比较流行，在罐焖时，汤汁和调料要一次加足、加准，不宜中途添加汤汁或调料；在用罐焖之前主料要经过初步熟处理，并与调好味的汤汁混合烧沸后，再放入罐中。

5）适用原料

鸡、鸭、鱼、兔、猪肉、牛肉等动物性原料。

6）代表菜

红焖肘子、红焖牛肉、干菜焖肉、黄焖栗子鸡、黄焖鱼头等。

7.1.8 㸆

1）概念及分类

㸆是将加工成型的原料，经初步熟处理后，加适量的汤和调料，烧开后用中小火将原料加热至软烂入味，经旺火收汁（或勾芡）而成菜的烹调方法。根据制作方法与调味特点，㸆可分为干㸆、奶㸆、酱㸆等。

2）成菜特点

汤汁少而稠或无汁，质感软嫩，色泽深黄或棕红，咸甜香浓。

3）工艺流程

原料选择 → 刀工成型 → 初步熟处理 → 加汤调味 → 小火加热 → 旺火收汁 → 成菜

4）操作要领

小火㸆汁，加热时间较长；主料成型宜大不宜小；如油煎，则要煎透；如油炸，则油温要高，时间要短，以免主料水分损失过多；汤汁及调料要一次加足；如甜咸或咸甜类菜肴，需主料吃透其他调味后再放入白糖，否则汤汁会很快黏稠。菜肴成菜后，应整齐地码在盘中，因此在刀工处理主料时刀口要整齐，使之既美观，又能达到主料入味、成熟一致的效果。

5）适用原料

多适用于动物性原料，如鸡、鸭、猪肉、鱼、虾等，菜心等植物性原料也适用。

6）代表菜

蟹黄鲍鱼、酱㸆鱼、干㸆鸭子、奶汤㸆菜心、南乳㸆肉、㸆大虾等。

7.1.9 煨

1）概念及分类

煨是将加工成型的原料经初步熟处理后，下入调好味的汤中，用小火或微火长时间加热至软烂而成菜的烹调方法。根据调料的颜色不同，煨可分为白煨、红煨。

2）成菜特点

软糯酥烂、汤汁宽浓、鲜醇肥厚。

3）工艺流程

原料选择 → 刀工成型 → 初步熟处理 → 加汤调味 → 小、微火长时间加热 → 原料软烂 → 成菜

4）操作要领

需对原料进行初步熟处理以缩短加热时间；严格控制火力，宜用小、微火长时间加热，汤汁以不沸腾为宜；调味时应注重突出主料的本味；根据原料性质确定下料的次序和时间；调味以咸鲜为主，不勾芡。

5）适用原料

主要适用于质地较老韧的动物性原料，如牛肉、羊肉、猪蹄、蹄筋等。

6）代表菜

佛跳墙、烧煨面筋条、辣子牛肉、煨大鸭等。

7.1.10 灼

1）概念

灼是将原料投入沸水或沸汤中加热至刚熟后，浇汁或随味碟一起上席的烹调方法。

2）成菜特点

色泽素雅、鲜嫩爽脆、突出本味。

3）工艺流程

原料选择 → 刀工成型 → 腌制（浸泡） → 入汤至断生 → 沥水（随味碟） → 成菜

4）操作要领

合理处理原料，细嫩无骨的原料可通过上浆处理使菜肴内鲜嫩、外爽滑。选择适宜水温下锅，猪腰，家禽的心、肝、肠等适合 70 ℃热水下锅；其他原料及蔬菜类适合沸水下锅。合理掌控时间，以刚熟为好。

5）适用原料

新鲜、脆嫩的动、植物性原料。

6）代表菜

白灼基围虾、白灼鹅肠、白灼芥蓝等。

7.1.11 塌

1）概念及分类

塌是将主料码味后，再拍粉或挂鸡蛋糊（或用鸡蛋液），用油煎（炸）至两面金黄，再放入调料和少量汤汁，小火入味后收干汤汁成菜的烹调方法。塌可分为煎塌和炸塌。

2）成菜特点

色泽黄亮、软嫩香鲜、成菜干爽、内含汁水。

3）工艺流程

原料选择 → 刀工成型 → 码味、拍粉或挂鸡蛋糊 → 煎（炸）→ 加汤及调料 → 收汁 → 成菜

4）操作要领

主料成型不宜过厚、过大、过长；底油、汤汁用量不宜多；烹制时间不宜长，以防脱糊；宜在短时间内收尽汤汁。

5）适用原料

细嫩无骨的动、植物性原料，如豆腐、鸡胸肉、鱼、芦笋等。

6）代表菜

锅塌豆腐、锅塌鱼扇、锅塌海鲜盒、锅塌里脊等。

7.1.12 蜜汁

1）概念

蜜汁是用白糖、冰糖或蜂蜜溶于水后将主料长时间加热至熟，使菜肴糖汁稠浓的烹调方法；或指主料经油炸、汽蒸等方法加工后，再放入用白糖、冰糖、蜂蜜等融合的甜汁中蒸至熟软，然后将主料扣入盘中，最后将汁浓缩或勾芡浇淋在主料上成菜的烹调方法。

2）成菜特点

汁浓色黄、香甜软糯。

3）工艺流程

原料选择 → 刀工成型 → 入糖液加热（或蒸、炸后浇淋浓缩后的糖汁）→ 原料熟软 → 收汁 → 成菜

4）操作要领

在选料时，以含酸质的植物性原料为宜，成菜可达到先甜后酸、甜酸混合的效果；在运用甜味调料时，冰糖胜于白糖，蜂蜜也必不可少；亦可用些果汁（如柠檬汁）、香槟和少许香精，使成菜口味更佳。要根据主料的不同质地灵活运用初步熟处理的方法和烹调方法，如主料鲜嫩、含水量多，则水的用量要适当减少，煨或蒸的时间也要短些；如主料本身含较多的糖分（如各种蜜饯原料），白糖或冰糖要适当减少；如用山药、红薯、莲藕等做主料，因其淀粉含量较多，蜜汁前需用冷水浸泡出部分淀粉，再加热蜜汁。蜜汁的菜肴要甜度适口，不宜过甜，因此以蒸的方法为宜。这样可控制甜度，而且成菜的颜色也较为美观。

5）适用原料

主要适用于干、鲜果品和蔬菜中的根茎类以及肉类等烹饪原料，如莲子、红枣、苹果、山药、芋头、火腿等。

6）代表菜

蜜汁山药墩、蜜汁红薯、蜜汁莲藕、蜜汁排骨等。

7.1.13 涮

1）概念

涮是将刀工成型的主料放入沸汤中，来回拨动短时间至熟后蘸调料供食的烹调方法。

2）成菜特点

锅热汤滚、自涮自食、形状各异、味型丰富。

3）工艺流程

4）操作要领

应选择新鲜、易熟的原料。动物性原料以无骨无刺、无皮无筋、新鲜细嫩的净料为宜。刀工成型时薄而匀且稍长些，便于夹涮。加热时间要短，一滚即熟，否则原料易过老。涮料时汤水要沸，否则原料易不熟。

5）适用原料

一般以禽畜肉类为主，如羊肉、牛肉、腰片、鸭肠、毛肚等；以植物性原料为辅，如白菜叶、菜心、生菜、豆腐、青笋尖、豌豆尖等。

6）代表菜

涮羊肉、涮牛肉、涮毛肚、涮凤尾等。

[思考与练习]

一、练习题

1. 水烹法有哪些常见烹调方法？

2. 烧的分类有哪些？

二、思考题

1. 结合红烧肉的制作，谈谈红烧的工艺流程及操作要领。

2. 结合相关菜肴，分别谈谈烩、煮、炖、汆、扒、焖、㸅、煨、灼、塌、蜜汁的工艺流程及操作要领。

三、活动实践、技能实训题

1. 根据所学知识进行水烹法的练习，结合体验谈谈亲身体会。

2. 将自己的实践作品发到班级 QQ 群或微信群。

项目 2　油烹法

[案例导入]

通过学习水烹法，大家对烹调方法有了初步认识，但水烹法难以使菜肴形成“色泽金黄、外脆内嫩”等特点。本项目将带领同学们走近油烹法，让大家掌握以油为主要传热介质的烹调方法，从而加深对烹调方法的理解。

[任务布置]

理解油烹法的概念，明确油烹法的成菜特点，掌握油烹法的工艺流程，领会油烹法的操作要领，明白油烹法所适用的原料，能举例说明其代表菜，能通过理论的学习指导实践。

[任务实施]

7.2.1　炸

炸是将经过加工处理的原料腌渍入味、挂糊（不挂糊）后，放入大油量的热油锅中加热，使之焦脆、软嫩或酥香的烹调方法。按成菜质感及制法不同，炸可分为干炸、酥炸、软炸、卷包炸等；按原料表层处理方法不同，炸又可分为清炸、挂糊炸、挂浆炸等。

1）干炸

（1）概念

干炸也称焦炸，指原料经刀工成型后腌渍入味、拍粉或挂糊，入油锅中加热至外焦里嫩的烹调方法。

干炸——干炸肉丸

（2）成菜特点

色泽金黄、外脆内嫩、口味咸鲜。

（3）工艺流程

原料选择 → 刀工成型 → 码味、挂糊 → 炸制 → 装盘成菜

①码味。干炸的原料必须码味，需腌渍一定时间。腌渍时间应根据原料性质和形状来确定。码味一般都选用精盐、姜、葱、料酒等调味品。

②干炸。原料基本上采用复油炸。第一次油炸用旺火，五成油温炸至断生并定型；第二次复油炸用旺火，六七成油温炸至香脆，捞出盛盘。整型原料因形体较大、不易熟透，应选用间隔炸使之成熟，以复油炸达到外脆内嫩的质感。

③装盘成菜。一般都配上相应的味碟或者配上生菜成菜。

（4）操作要领

①原料码味要均匀，腌渍时间要足，成菜后味感才符合要求。

②根据原料的不同形态，控制好油温和油炸时间。第一次油炸，油温低，时间长；第二次复油炸，时间短，油温较高。由于整型原料体积较大，成熟时间较长，宜用温油较长时间浸炸，使其内熟透而外皮不焦，保证质嫩鲜香；复油炸用高油温炸至原料表面达到菜肴要求的质感和颜色。

③成菜后整型，及时装盘上桌，保证菜肴质感。成菜装盘后要进行辅助调味，部分菜肴可配生菜；多数菜肴单独放置味碟即可，如椒盐粉、甜面酱、番茄沙司、辣酱油、鱼香味汁、甜酸汁等。

（5）适用原料

主要是新鲜易熟、质地细嫩的仔鸡、兔肉、猪里脊肉、猪腰、猪肚仁、鸡鸭肫肝等原料。

（6）代表菜

干炸里脊、干炸丸子等。

2）酥炸

（1）概念

酥炸是将原料加工码味后经熟处理至软熟，或将原料加工成糕状半成品，直接或挂酥糊后放入高油温锅中加热成菜的烹调方法。

酥炸——酥糊里脊

（2）成菜特点

外酥松内软熟、细嫩。

（3）工艺流程

原料选择 → 初步加工 → 码味或制泥 → 熟处理 → 挂糊或拍粉酥炸 → 装盘成菜

①初步加工。酥炸原料的加工方法有很多种，部分需要出骨，还有些需要整料出骨。

②码味或制泥。原料在熟处理前需要码味，用调味品将原料内外抹匀，浸渍一定时间使其入味。部分原料需加工成泥蓉，再与鸡蛋、淀粉、清水、精盐等调辅料搅拌制成泥糊状。

③熟处理。酥炸的原料，必须经过蒸、煮、烧、卤等熟处理至软熟，凉透后切成厚片或条形。

④挂糊或拍粉。一般需挂糊或拍粉的都是无骨的或呈肉糕状的半成品，适合酥炸的糊有全蛋淀粉糊和脆糨糊等。拍粉时，应根据菜肴需要选择面粉、淀粉、面包糠、芝麻粉等。挂糊或拍粉的方式有单纯挂糊或拍粉，也有先挂糊再拍粉。

⑤酥炸。不论是否挂糊或拍粉的原料，酥炸都采用复油炸。第一次油炸用旺火，150 ℃左右油温炸定型，原料微黄时捞起；第二次复炸用旺火，220 ℃左右油温炸至原料外酥松发脆、色泽金黄。

⑥装盘成菜。整型的菜肴，酥炸后要立即刀工处理成条块或片状，并装盘还原成型，及时上桌食用。

（4）操作要领

①需整料出骨的鸡鸭，出骨时要符合成菜要求，以保证熟处理后酥炸的效果。肉类泥糊经搅拌后，应先取少量试蒸，调节好细嫩程度后再进行蒸制，以保证成菜的质感。

②体型较大的整型原料一般不挂糊、不拍粉，利用皮层脱水起酥。原料在酥炸前要揩干水分，炸时油温宜高，要保持外皮完整。半成品趁热油炸；半成品挂糊的干稀、厚薄，拍粉的多少要根据半成品的质地与糊粉的性质而定，一般富含油脂或软熟程度良好的可多拍一些粉，脆浆糊可重一点，全蛋糊应恰当；面粉、面包糠可多蘸一点，淀粉应适量。既要表现出半成品的质感，又要突出酥松的特色。

③烧、煮、卤等熟处理过程中，要掌握好汤量、火力、加热时间，并调味准确，防止鲜香味损失。

④酥炸的原料熟处理后使其细嫩或软熟，鲜香味浓，咸淡恰当。刀工要整齐均匀、厚薄一致。掌握好油温的高低、油炸的程度。

⑤酥炸菜肴装盘时，根据需要可淋香油增香，可随配椒盐、葱酱等味碟，或配糖醋生菜，起到调和口味、增加风味的作用。

（5）适用原料

适合酥炸的原料较多，有家禽、家畜、鱼虾等动物性原料和糕状半成品。

（6）代表菜

炸脂盖、香酥仔鸭、脆皮鲜奶、酥炸鸭筒、椒盐酥皮兔糕等。

3）软炸

（1）概念

软炸是将质嫩的原料加工处理成较小形，经码味、挂糊后放入中油温锅中加热至酥软成菜的烹调方法。

（2）成菜特点

外香酥、内鲜嫩。

（3）工艺流程

原料选择 → 加工处理 → 码味 → 挂糊 → 油炸 → 装盘 → 成菜

①加工处理。软炸的原料需要去骨和去皮，除净筋膜，为了更入味和增加细腻口感，可先在坯料上剞一定深度的刀口，再按菜肴的要求切成小块、小条等。

②码味。常用的调味品有精盐、胡椒粉、料酒、姜、葱等。这些调味品增香除异的效果

好，也不会影响成菜的颜色。码味时咸味要基本达到成菜咸味的标准，但也应以成菜后蘸椒盐或甜面酱、辣酱等复合调味品时，不觉得味咸为准。码味浸渍的时间以 10 ~ 20 分钟为宜，保证入味效果。

③挂糊。软炸所挂的糊主要是蛋清糊、全蛋糊。挂糊时应根据原料的水分含量、细嫩程度把握糊的干稀稠度，一般以糊在入油锅前不流不掉为准。挂糊的厚薄以油炸中能控制原料水分、保证细腻，成菜后达到外酥香、内鲜嫩、有原料本鲜味为准。

④炸制。软炸菜肴以复油炸为主，第一次用中火，五成热油温，将原料分散入锅，炸至八成熟、定型、呈浅黄色捞起；第二次用旺火，约七成热油温，炸至刚熟、外皮酥、呈金黄色捞出，沥尽炸油，淋香油簸匀装盘。

⑤装盘。一般软炸菜肴装盘都要配生菜、椒盐味碟、葱酱味碟、糖、醋碟等。装盘形式的选择，应根据菜肴原料的性能和菜肴间组合的需要确定，以突出原料的性能和达到菜肴的最佳食用效果为佳。

（4）操作要领

①选料新鲜。要选择新鲜无异味、富有质感的原料。

②剞刀规范。控制剞刀的深浅度，使刀工处理后的条、块有完整的规格形态。

③码味适宜。码味常用精盐、料酒，要掌握好料酒的用量，成菜后不能表现出酒味。码味时将各种调味品拌匀，使调味品渗透均匀，防止调味不匀。

④挂糊得当。花形原料挂糊宜干宜少，既要保证原料翻花，又要达到软炸的效果。原料码味后，在油炸之前才挂糊，挂糊后立即放入油锅内炸制。

⑤第一次油炸后捞出原料，可放置适当时间，以保证对原料的热传递效果，防止外焦里不熟。第二次复油炸要掌握酥皮、色泽的效果及成熟程度。

⑥软炸用植物性油脂，熟菜油、花生油的质感最好。使用的油脂要干净，保证色、香、味的效果。

⑦淋香油前要沥尽炸油，防止成菜后太油腻。

（5）适用原料

鲜嫩易熟的鱼、虾、鸡肉、猪里脊肉、猪腰、猪肚仁、土豆、口蘑等。

（6）代表菜

软炸大虾、软炸椿鱼、软炸冰激凌、软炸时蔬、软炸鸡块、软炸鲈鱼柳、炸羊尾等。

4）卷包炸

（1）概念

卷包炸是卷炸、包炸的合称，指将原料加工成丝、条、片形或丁、粒、泥状，与调味品拌匀后，再用包卷皮料包裹或卷裹，入油锅中加热至成菜的烹调方法。

（2）成菜特点

外酥脆、内鲜嫩，成型美观，式样丰富。

（3）工艺流程

原料选择 → 刀工处理 → 调味 → 卷包 → 油炸 → 装盘成菜

①刀工处理。用于包炸的原料宜切成丝、小条、片形，用于卷炸的原料宜加工成丁、

粒、泥状。

②调味。卷包炸的馅料适宜调制成咸鲜味，醇厚鲜美，控制好原料的嫩度和稠度。

③卷包。卷包的皮料都是可食用的，卷裹时做到粗细、厚薄均匀，以卷裹两层为宜。皮料的交口处抹蛋清和淀粉粘牢；卷包的皮料以糯米纸、蛋皮为主。

④油炸、装盘成菜。卷包后的半成品直接油炸或改刀后再炸，部分还需先蒸至断生，再用高温热油炸至金黄色皮酥脆，捞出改刀装盘；包裹的半成品应现包裹现油炸，趁热装盘上菜。卷炸的菜肴装盘后，有的还应配葱酱或椒盐碟、糖醋生菜等同时上桌食用。

（4）操作要领

①选好主辅料。卷包炸要求新鲜细嫩、无异味的主料和色泽鲜艳、富有质感、鲜香味美的辅料。

②掌握好主料的肥瘦比例。有些原料如鸡、鸭、鱼、虾等，要添加适量猪肥肉以保证卷包炸菜肴滋润细嫩的质感。

③宜用中火。不论卷炸还是包炸，油炸时都用中火温油锅浸炸至断生。有些卷炸的菜肴也可恰当升高油温，重油炸至皮酥起锅。

④卷裹的原料是生料，一般需改刀后再放入油锅；熟料，一般经油炸后再改刀装盘。

⑤用于包裹、卷裹的皮料必须用可食用的蛋皮、猪油网、腐皮、面皮、糯米纸等。

⑥包炸起锅后，为方便食用，可将包裹的接头部分解开再装盘。

（5）适用原料

鱼、虾、鸡、鸭、猪肉、猪腰、冬笋、火腿、蘑菇、荸荠、慈姑等原料。

（6）代表菜

蚝油纸包鸡、香酥蛋卷等。

7.2.2 炒

炒是将原料改刀成较小的形状，上浆（或不上浆）后用底油或滑油加热至五至七成熟时捞出主料沥油，再放入辅料快速翻炒成菜的烹调方法。根据烹制前主料加工处理方式及成菜风味的不同，炒可分为滑炒、生炒、熟炒、软炒等。

1）滑炒

（1）概念

滑炒是将原料加工成较小形，经上浆滑油后（或锅内多留底油，兑好味汁），旺火快速烹制成菜的烹调方法。

滑炒——滑炒鱼片

（2）成菜特点

滑嫩清爽、汁紧油亮。

（3）工艺流程

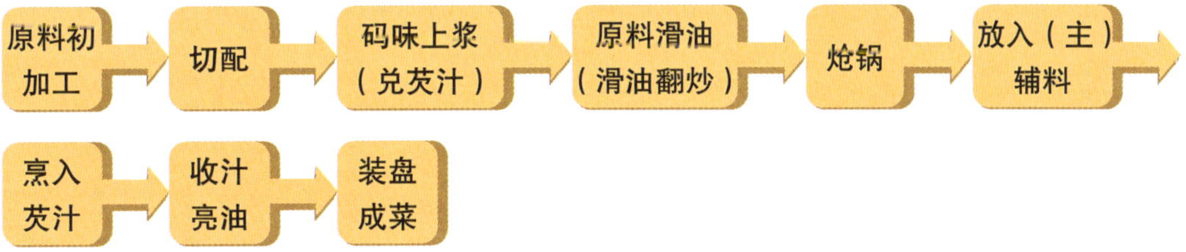

①刀工成型。将初加工后的原料切成丝、丁、片、块、条、粒和花形等形状。

②码味上浆。根据菜肴的品种决定是否上色，上浆的厚薄要以烹制原料的质地来决定，对一些质地较老的牛肉、羊肉、猪肉等原料，可加适量的嫩肉粉进行腌制，对肝、腰等内脏，则应现码味、现上浆、现炒制，避免原料入锅前吐水脱浆。

③兑味汁。在原料加热烹制前，先将制作菜肴所需调味品放入调料碗内，兑成味汁，待菜肴成熟时将兑好的芡汁放入锅内，缩短菜肴加热时间，确定菜肴口味。

④滑油翻炒。烹制前炒锅必须干净，炙好锅。锅内加入油后加热至 150 ℃（五六成热）时放入主料，迅速翻炒至原料散开变白、互不粘连，再放入辅料炒至断生。

⑤收汁成菜。原料在锅内炒断生后及时放入兑好的调味芡汁，炒匀，收汁亮油后起锅，装盘成菜即可。

（4）操作要领

①刀工熟练。滑炒菜肴的形状以丝、丁、片、条、粒和花形为主，要求原料成型大小均匀、厚薄一致、粗细长短统一，原料成型应细而不碎、薄而不破。

②码味上浆。码味上浆是保证菜肴滑嫩的关键。由于滑炒的原料质地细嫩，形体较小，因此码味上浆要均匀，要防止原料脱浆、吐水；对肉质较老、肌纤维较粗的原料，可加适量的清水、嫩肉粉。

③味汁中鲜汤和水淀粉的量要适当。具体的使用量要视上浆原料的多少、原料持水轻重、上浆稀薄、火力大小不同而有所差别。

④主、辅料配合的滑炒菜肴，辅料如果不易成熟，可先将辅料加热至断生后再与主料一同炒制，这样就能保证主、辅料成熟一致，成菜迅速。

⑤放入味汁时，应从菜品的四周浇淋，待淀粉半糊化时快速翻炒颠锅，使味汁均匀地粘裹在菜肴上。

（5）适用原料

无骨的动物性原料，如鸡、鱼、虾、猪肉、牛肉等。

（6）代表菜

滑炒肉丝、滑炒肉片、滑炒鸡丝、鱼香肉丝、宫保鸡丁等。

2）生炒

（1）概念

生炒是指将切配好的小型动植物原料，直接下锅用旺火快速烹制成菜的烹调方法。

（2）成菜特点

鲜香嫩脆或干香滋润、酥软化渣。

（3）工艺流程

原料初加工 → 切配（码味） → 热油炙锅 → 旺火热油生炒原料 → 依次放入调味品 → 原料断生成熟 → 装盘成菜

①加工原料。茎叶类的蔬菜（如豌豆尖、菠菜等）应加工成连叶带茎形状，体积较大的（如大白菜、莲花白等）可加工成片、粗丝等形状；根茎类等蔬菜则加工成丝、丁、片、小块、条等；肉类原料一般加工成丝、小丁、片、肉末等。

②生炒烹制。植物性生料直接下锅，旺火热油炒制，翻炒均匀，使原料迅速受热一致，炒断生及时出锅，有利于保持其鲜嫩。炒制动物性原料时要先滑好锅，再放入原料炒至干香滋润、油变清亮，加入调味品炒出香味，再下辅料炒断生即成。

（4）操作要领

①动物性原料作主料时，一般直接入锅炒制，作辅料时可先加热成熟后备用，在以植物性原料为主料炒制时，应待主料断生后再加入动物性辅料以及调味品炒制成菜。

②蔬菜类生炒可勾薄芡。蔬菜水分较多，为了使部分生炒菜肴色泽鲜艳，更加入味爽口，在植物性原料断生后可以勾薄芡，如根茎类、瓜类、笋类等蔬菜。而动物性原料一般不勾芡。

③旺火炒制。原料在生炒过程中要求保持较高温度，并非指油温高，而是指火力旺，原料下锅时要用旺火，使锅中保持恒定的高温，防止原料炒焦而粘锅。掌握好不同原料的成熟程度，及时颠锅盛菜。动物性原料炒前一定要炙好锅。

④大量烹制植物性原料时，为了缩短加热时间并防止植物性原料炒制时吐水，可以先对植物性原料焯水再放油炒制，单锅小炒直接入锅炒制。

（5）适用原料

细嫩无筋的动物性原料和新鲜质嫩的植物性原料，如猪肉、鳝鱼肉、兔肉、鸡肉、苦瓜、白萝卜、莲白、大白菜、青笋尖、豌豆尖等。

（6）代表菜

素炒豌豆尖、金钩挂银条、炒鳝段、炒肉末、酱炒笋鸡等。

3）熟炒

（1）概念

熟炒是将已半熟或刚熟的原料经刀工成型后，用旺火或中火烹制成菜的烹调方法。

（2）成菜特点

酥香滋润、亮油不见汁。

（3）工艺流程

原料初加工 → 熟处理 → 切配 → 滑锅下料 → 熟炒烹制 → 依次加入调料 → 成菜装盘

①熟处理。原料的熟处理有以下三种方式：一是水煮，以水淹没原料，用中火或大火煮沸，改用小火在沸而不腾的状态下，根据原料的品种，煮至断生、刚熟或软熟后捞出晾凉；二是将原料切成丝、丁、片、块、条等形状，经码味或不码味，拍粉、挂糊或不拍粉、不挂糊，将原料放入油锅中炸至定型、刚熟时捞出待用；三是采用汽蒸方式，将原料放入蒸柜（箱、笼）内，用中火或大火，将原料汽蒸至刚熟，取出晾凉后加工炒制。

②刀工切配。刀工切配是指将熟炒的动物性原料切成厚薄均匀的片、粗丝或丁，辅料切成与主料相应的形状。植物性原料一般切成片、条等形状。

③熟炒烹制。第一种方式：以中火为主，旺火为辅，油适量，五成油温，将熟处理后的原料直接下锅炒至出香味，当油变清亮时，逐步加入调味品、辅料炒至断生入味，装盘成

菜。第二种方式：以中旺火为主，少油量，五成油温，将炸熟后的原料直接入锅，放入辅料、调味品炒至断生，装盘成菜。

（4）操作要领

①选料。猪肉宜选用坐臀肉；牛羊肉以质嫩中带脆性较好，如胸口肉、上脑肉等；家禽要用仔鸡、仔鸭、仔鹅，这些原料具有良好的口感。熟炒一般选用腌熏、卤、酱、烧烤和过油后的制品较多，猪肉制品一般带皮，肥瘦比例要恰当。

②熟处理火候恰当，一般以原料断生和成熟为好，防止过于软熟。

③辅料可先熟处理。有些辅料不易迅速成熟，如青椒、蒜薹、鲜笋等，可预先炒至断生。

④调味品要炒出香味。熟炒所用的豆瓣、甜面酱、豆豉等调味品一定要炒出香味，才有理想的调味效果。

⑤熟炒火力恰当。以中火炒制为主，原料太多也可以用旺火炒，油温以 150 ℃左右（五六成）为宜；原料下锅要反复翻炒；在炒制过程中可加入少量精盐，使原料有一定的基础味；待原料炒干水气、油变清亮干香时，再加入调味品炒香，最后放入辅料（部分调料）炒出香味至断生，及时出锅成菜。

⑥有些熟炒菜肴可勾芡，使成菜略带薄汁。

（5）适用原料

新鲜无异味的动物性原料和香肠、腌肉、酱肉等再制品以及香辛味浓、质地脆嫩的根茎类植物性原料。

（6）代表菜

回锅肉、炒樱桃肉、清炒蟹粉、炒肚片、炒鳝糊等。

4）软炒

（1）概念

软炒是指将动植物原料加工成流体或蓉泥状，直接入锅，或先与调味品、鸡蛋、淀粉等调成泥状或半流体，再用中小火、热油匀速加热，使之凝结成菜的烹调方法。

（2）成菜特点

成菜无汁，形似半凝固状或软固体，细嫩软滑或酥香油润。

（3）工艺流程

选料 → 加工整理 → 组合调制 → 滑锅下料 → 中火热油 → 匀速软炒 → 装盘成菜

①原料加工。部分软炒的主料如鸡肉、鱼、虾等，将其剔除筋络，剁成细泥状；植物性原料（如豆类、薯类）需经煮或蒸熟后压制成蓉泥状。辅料加工成小片或颗粒状。

②调制半成品。大多数软炒的原料入锅前都需先调制成浆状，如鸡蛋等。根据主料的凝固性能，把握主、辅料的比例，使成菜后达到半凝固状态或软固体的标准；也有一部分原料不需调浆，如炒豌豆泥、蚕豆泥、锅蒸、白薯泥、红薯泥、莲米泥、红豆泥等，这些菜品辅料可根据需要添加慈姑、蜜饯、花生仁、桃仁等。

③软炒成菜。炒锅置旺火上，滑好锅，留油烧至油温三至五成热时，放入调好的原料浆，匀速有节奏地来回推动或顺着一个方向炒制，使其凝结，再加入辅料或少许油脂，至鲜嫩软滑，盛盘成菜。若是成泥状的原料，滑好锅，加入油直接将原料入锅炒制，至酥香油

润，加入调味品、辅料，炒匀装盘成菜。

（4）操作要领

①原料制成蓉泥状。动物性原料必须剔净筋络，再制成细泥；植物性原料必须除尽壳或皮，煮或蒸熟后，制成蓉泥。

②调制半成品。调制半成品应根据主料的吸水性、淀粉的糊化性以及蛋清、蛋黄、清水、牛奶、鲜汤等辅料的量，掌握好调制比例。

③掌握好火候。为了使炒制的菜品不粘锅，首先要滑好锅。对动物性原料进行软炒烹制时可用旺火、热锅、中等油温（140 ℃）；对植物性原料进行软炒烹制时可用中火、热锅、低油温（80 ℃）。炒制时用勺快速推炒，使原料均匀受热凝结，以免粘锅。若发生粘锅，可及时顺锅边加少许油脂，再推炒至主料凝结。

④烹制软炒类菜肴时要掌握好制作技巧和方法。如粤菜的“炒鲜奶”和川菜的“雪花鸡淖”等菜肴，原料入锅后有节奏地来回翻炒，使其凝结成云朵状半凝固体，食用时有细嫩软滑的口感；红薯泥、莲米泥、蚕豆泥等菜肴，一般在炒制过程中要控制好油的用量，分次慢慢加入油脂，使原料中的水蒸发，凝结成软固体状态，原料周围略吐油，加入调味品，食用时有甜润酥香、微带糍糯的口感。

⑤甜香味菜肴要炒翻沙，特别是甜润酥香的甜菜，如蚕豆泥、豌豆泥、红豆沙、雪豆泥、莲子泥等软炒菜肴，一定要炒至原料膨化翻沙、酥香略吐油时，再按菜肴需要放入白糖或红糖，待糖熔化一半时及时出锅成菜，才会有甜香、酥糯、油润的效果。

⑥色泽和口味要求严格。动物性原料的软炒菜品一般是咸鲜味，油脂应选择色白无异味的，淀粉应选用糊化效果良好的。植物性原料多是甜香味。另外，调辅料的用量要恰当，不能对成菜后的菜品色泽和口味有影响。

（5）适用原料

鸡蛋、牛奶、鱼、虾、鸡肉、豆腐、豆类（如蚕豆、豌豆、莲米）、薯类、面粉等原料作为主料的菜肴；辅料选用火腿、金钩、荸荠、蘑菇、果脯、蜜饯等。

（6）代表菜

雪花鸡淖、炒芙蓉鸡片、软炒鲜奶、三不粘、白玉鸡脯等。

7.2.3 熘

（1）概念及分类

熘是指将主料经油滑、油炸、蒸、煮等方式加热成熟，再用芡汁粘裹或浇淋成菜的烹调方法。根据成菜质感不同，熘可分为炸熘、滑熘、软熘等。

脆熘——糖醋里脊

（2）成菜特点

色泽丰富、味型多样、质感各异、芡汁丰润。

（3）工艺流程

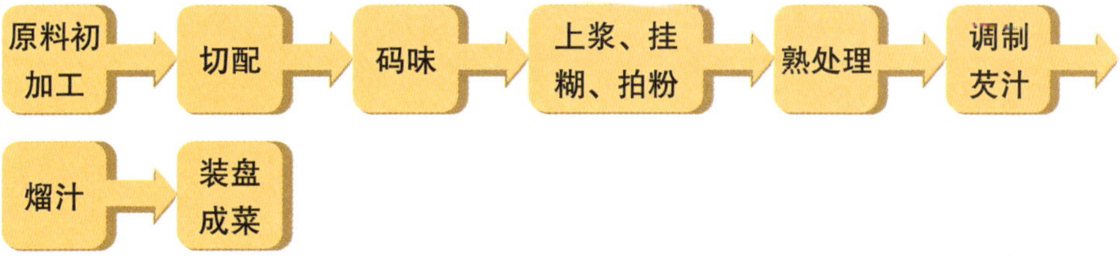

（4）**操作要领**

控制好糊、浆的干稀厚薄，含水量高的主料，糊或浆应稠些，含水量低的主料，糊或浆应稀些；控制好原料熟处理时的颜色；芡汁的浓度及剂量应以既能挂在主料上，又能呈流泻状态，分布于主料四周为宜。

（5）**适用原料**

新鲜无异味、质地细嫩的动、植物性原料。

（6）**代表菜**

松鼠鱼、鱼香鹅黄肉、醋熘鸡、鲜熘肉片、西湖醋鱼、软熘仔鸭、醋熘白菜等。

7.2.4 爆

（1）**概念及分类**

爆是指将质地脆嫩的动物性原料经剞刀处理后，直接焯水或过油后放入高油温锅中快速烹制成菜的烹调方法。根据用料不同，爆可分为油爆、芫爆、酱爆、葱爆、蒜爆等。汤爆和水爆均不属油烹法。汤爆是将主料用沸水焯至半熟后捞入器皿内，再用调好味的沸汤冲熟；水爆是将主料用沸水焯至半熟后捞入器皿内，再用无味的沸水冲熟，另备调料蘸食之。

（2）**成菜特点**

味型各异、形状美观、嫩脆清爽、汁紧油亮。

（3）**工艺流程**

原料选择 → 刀工处理 → 码味上浆 → 调芡汁 → 熟处理 → 爆制 → 装盘成菜

（4）**操作要领**

①刀工娴熟，要根据原料的不同性质，采用不同的技法。爆制菜肴很多都需要将原料剞花刀，剞花刀时要刀路一致、花纹美观。

②注意上浆的干稀厚薄。上浆既不能影响原料爆时分散翻花和美观形态，又要达到保持原料成菜后的脆嫩质感。

③注意火候。焯水时要求汤宽水沸火力大，过油时要求油多火力大油温适中，直接爆制时要求火力大油量适中，快速成菜。

④爆前准备。应先调制好味汁，焯水、过油后要尽量沥干水或油分。

⑤掌握好爆菜技巧。爆菜速成的关键是掌握好操作技巧。爆时原料下锅不断翻动，尽量使原料受热均匀，放辅料、烹芡汁、翻锅、起锅等动作要准确而迅速。

（5）**适用原料**

脆嫩的动物性原料，如猪腰、肚头、鸡鸭胗、鱿鱼、墨鱼、海螺、鸡鸭肠等。

（6）**代表菜**

油爆鱿鱼卷、油爆乌鱼花、青椒爆鸭肠、芫爆腰花、酱爆鸭舌等。

7.2.5 烹

（1）**概念及分类**

烹是将经过加工后的小型主料，经码味、挂糊或拍干粉后，采用炸、煎、炒或滑油的方法加热成熟，再加入预先兑好的调味清汁并翻炒成菜的烹调方法。根据原料初步加热方式不同，烹可分为炸烹、煎烹、炒烹、滑烹等。

（2）成菜特点

咸鲜为主、清香爽口、酥香软嫩。

（3）工艺流程

原料选择 → 刀工处理 → 码味、上浆、挂糊 → 熟处理 → 入清汁烹制 → 装盘成菜

（4）操作要领

烹制法多为单一净料，要求旺火速成；熟处理时注意控制油温，油温的高低都会影响菜肴的质感；烹制前调配的调味清汁，不加淀粉，应视主料的多少来配制，烹汁的量以主料刚好将汁吃尽为宜。

（5）适用原料

以新鲜无异味、质地细嫩的动物性原料为主，如猪里脊、虾、鱼等；豆腐等也可制作烹类菜肴。

（6）代表菜

炸烹大虾、炸烹里脊、煎烹鱼片、煎烹虾段、煎烹豆腐等。

7.2.6 煎

（1）概念及分类

煎是将加工成型的扁薄状主料调味（有些要拍粉或挂糊）后，用少量底油加热，使主料两面煎至金黄色而成菜的烹调方法。根据菜肴挂糊的不同，可将煎分为清煎和软煎。

干煎——香煎毛豆腐

（2）成菜特点

色泽金黄、外表酥香、内里软嫩、一般无汤汁。

（3）工艺流程

原料选择 → 刀工处理 → 腌渍 → 挂糊、拍粉或、不挂糊、不拍粉 → 煎制 → 辅助调味 → 成菜装盘

（4）操作要领

原料刀工成型时不宜过大，较大的原料应剞上刀纹，以加大受热面积；饼状类的菜式刀工成型的颗粒应大小一致，一般以绿豆粒和米粒大小为宜，在颗粒原料中加入适量的熟猪肥膘粒，可增加滋润醇香口感。煎制时反复转动锅或翻动原料，使其受热一致，火力不宜太大，以小火或微火煎制为宜，油量不宜多。饼、片原料挂糊，要控制干稀厚薄，使其成菜美观，质感风味符合要求。主料的两面均应煎成金黄色，成熟一致。

（5）适用原料

猪肉、牛肉、鸡、鸭、鱼、虾、鸡蛋等和部分嫩脆植物性原料。

（6）代表菜

椒盐鸡饼、煎鸡脯、小煎牛肉、软煎鱼肉等。

7.2.7 贴

（1）概念及分类

贴是将两种或两种以上的主料加工成型后，加调料拌渍后粘贴在一起，在少量油中只煎一面，使其呈金黄色，另一面不煎而成菜的烹调方法。贴可分为夹贴、卷贴、包贴等。

（2）成菜特点

一面金黄一面本色、一面酥脆一面软嫩、成品无汤汁。

（3）工艺流程

原料选择 → 初步加工 → 刀工成型 → 腌制 → 造型 → 煎制 → 调味 → 成菜装盘

（4）操作要领

主料一般分为几层，故成型时力求大小、厚薄一致；应注意火候的运用，要求成品一面酥脆、一面软嫩，宜用中火或小火，并且要不停地晃动炒勺和往主料上撩油，以使主料均匀受热，成熟一致。

（5）适用原料

动物性、水产品类原料，如鱼肉片、肥膘肉、瘦肉片、鸡脯肉等。

（6）代表菜

锅贴鸡签、锅贴肉、锅贴鸡塌、锅贴金钱鸡、果汁锅贴虾、双色锅贴豆腐等。

[思考与练习]

一、练习题

1. 爆炒鸡丁的烹调方法属于（　　）。

A. 爆　B. 生炒　C. 熟炒　D. 软炒

2. 炒的突出特点（　　）。

A. 勾薄芡　B. 勾厚芡　C. 不勾芡

3. 具有芡汁紧包特点的烹调方法是（　　）。

A. 炒　B. 爆　C. 熘　D. 蒸

4. 炒主要可分为（　　）。

A. 生炒、熟炒、滑炒、软炒　B. 熟炒、滑炒、软炒、爆炒
C. 生炒、熟炒、滑炒、爆炒　D. 生炒、熟炒、爆炒、软炒

5. 凡是滑熘的菜肴均需通过（　　）处理。

A. 过油　B. 滑油　C. 汽蒸　D. 焯水

6. 糖醋里脊一菜的烹调方法应属（　　），熟处理的方法是（　　）。

A. 炸熘　B. 滑熘　C. 软熘　D. 滑油　E. 走油　F. 走红

7. 干炸里脊的主料应挂（　　）。

A. 全蛋糊　B. 蛋清糊　C. 蛋泡糊　D. 酥糊

8. 西湖醋鱼的烹调方法应属（　　）。

A. 炸熘　B. 滑熘　C. 软熘　D. 清蒸

9. 茄汁虾仁的烹调方法应属（　　）。

A. 熘　　B. 炸　　C. 爆　　D. 炒

10. 纸包三鲜的烹调方法应属（　　）。

A. 炸　　B. 熘　　C. 爆　　D. 炒

11. 芹菜炒肉丝的烹调方法是（　　）。

A. 生炒　　B. 熟炒　　C. 滑炒　　D. 软炒

12. 回锅肉的烹调方法是（　　）。

A. 生炒　　B. 熟炒　　C. 滑炒　　D. 软炒

二、思考题

1. 结合相关菜肴，谈谈炸、炒、煎、熘、爆、烹的工艺流程及操作要领。

2. 试比较煎与贴的异同。

三、活动实践、技能实训题

1. 根据所学知识进行水烹法的练习，结合体验谈谈亲身体会。

2. 将自己的实践作品发到班级 QQ 群或微信群。

项目 3　汽烹法

[案例导入]

通过油烹法的学习，了解用油烹法制作的菜肴虽然色泽美观、口感脆嫩，但容易造成营养素的损失。“原汁原味、营养损失少”是汽烹法的一大特点，本项目带领同学们掌握以蒸汽为主要传热介质的烹调方法，从而进一步加深对烹调方法的理解。

[任务布置]

理解汽烹法的概念及分类，明确汽烹法的成菜特点，掌握汽烹法的工艺流程，领会汽烹法的操作要领，弄清汽烹法所适用的原料，能举例说明其代表菜，通过理论的学习指导实践。

[任务实施]

汽烹法即蒸，是将经加工切配、调味盛装的原料，放入蒸柜（笼、锅）内，利用蒸汽加热使之成熟或软熟入味成菜的烹调方法。由于蒸柜（笼、锅）内水蒸气的湿度已达到饱和并产生一定的压力，因此蒸制的菜肴受热均匀，滋润度高；同时蒸制过程中不翻动原料，所以成菜具有形整美观、原汁原味的特点。无论是大型或小型、整形或散形、流态或半流态原料，还是质老难熟、质嫩易熟的原料，都可以运用汽烹法成菜。根据原料的性质和菜肴的要求，在蒸制过程中要正确掌握火候，控制蒸汽的大小和加热时间的长短。蒸既是一种简便易行的烹调方法，又是一种技术复杂、要求很高的烹调方法。原料的性质不同，其蒸制时间的长短、火力的大小等要求也不同，具体如下：

①旺火沸水速蒸。这种蒸制方式适用于细嫩、易熟的原料，只需蒸熟，不需蒸至软熟。蒸制要求火旺、水宽、蒸汽足，使原料迅速断生或刚熟即可。否则，原料变老，食用时菜肴质感发柴、粗糙起渣。此法适用于蒜蓉开边虾、清蒸鳜鱼等菜肴。

②中火沸水长时间蒸。这种蒸制方式适用于质地老韧、体大形整，又需蒸至软熟酥糯的原料。蒸制要求中火、水宽、蒸汽足，一气呵成，不能断汽、不能闪火。蒸制一般在 2 ~ 3 小时，时间的长短取决于原料质地的老嫩、形体的大小。此法适用于清蒸葫芦鸭、荷叶粉蒸鸡等菜肴。

③小火沸水慢蒸。这种蒸制方式适用于蛋类或加工成泥、蓉状的动物性原料，经细致加工装饰定型，要求保持鲜嫩的菜肴，如芙蓉蛋、鸡糕、兔糕等菜肴。蒸制时要求火力较小，控制好蒸汽，不能太足，使原料徐缓受热变熟。

不论哪种蒸制方式，所蒸制的原料必须新鲜无异味，因为蒸制菜肴要求保持原汁原味。如果原料不新鲜，腥、膻等异味就不易除尽。

根据蒸制菜肴的具体方法及其风味特色，通常将蒸分为清蒸、旱蒸和粉蒸。

7.3.1 清蒸

1）概念

清蒸是指主料经半成品加工后，加入调味品和鲜汤蒸制成菜的烹调方法。

清蒸——干贝萝卜

2）成菜特点

质地细嫩或软熟、咸鲜醇厚、清淡爽口，汤汁体现本色、清香汁宽。

3）工艺流程

原料选择 → 初加工 → 熟处理 → 刀工 → 盛装 → 调味 → 蒸制 → 成菜

4）操作要领

①鸡、鸭、肘子等原料焯水时以 60 ℃左右热水为宜，汤沸时要撇尽浮沫，要注意焯水的加热程度，一般以原料断生为好，捞出原料可再用 30 ℃左右温水洗涤干净，保持原料色泽鲜亮。

②清蒸菜肴的色泽对其质量影响较大，一般咸鲜味的菜肴多为原料的本色；甜味或咸甜味的菜肴以橙红色、浅黄色为主；咸鲜醇厚的菜肴以浅茶色为主。

③蒸制菜肴时一定要根据成菜后的质感选择蒸制方法。

④清蒸菜肴最好放置在蒸柜（笼、锅）的上层，防止菜肴色泽被污染或被串味。

⑤清蒸菜肴上桌前，应拣去姜、葱、花椒等，保持菜肴清爽；原汁勾芡后浇于原料上。

5）适用原料

鸡、鸭、鱼、猪肉等原料。

6）代表菜

清蒸全鸡、清蒸鲥鱼、虫草鸭子、清蒸鳜鱼、清蒸鲩鱼、生蒸肉等。

7.3.2 粉蒸

1）概念

粉蒸是将加工切配后的原料，用各种调味品调味后加入适量的米粉拌匀，用汽蒸至熟软成菜的烹调方法。

2）成菜特点

软糯滋润、醇浓鲜香、油而不腻。

3）工艺流程

原料选择 → 刀工处理 → 调味 → 拌入米粉 → 加入辅料装入盛器 → 蒸制 → 成菜

4）操作要领

①牛肉、羊肉、鸡肉、鱼肉和根茎、豆类蔬菜等原料缺乏脂肪，在调味时要加入适量油脂，成菜后才有良好的滋润质感和脂香味。

②采用粉蒸的原料腌制后要放置一定时间，使调味品渗透入味。

③根据原料质地的老嫩和肥瘦比例决定加入米粉量，原料与米粉的比例一般控制在10 ∶ 1左右，一般选用籼米作为蒸菜米粉，要让拌入的米粉均匀黏附在原料表面。

④装入盛器蒸制。盛装原料要尽量疏松，不能压紧压实，以免影响原料成熟的均匀度和成菜后的疏松度。

⑤粉蒸类菜肴加热要一气呵成，中途不能断火、断汽或加入没有沸腾的水，否则会严重影响菜肴质量。

5）适用原料

鸡、鱼、猪肉、牛肉、羊肉和部分根茎类、豆类蔬菜等。

6）代表菜

粉蒸肉、粉蒸鸡、粉蒸鲭鱼、沔阳三蒸等。

7.3.3 旱蒸

1）概念

旱蒸又称扣蒸，是将原料经过加工切配调味后直接蒸制成菜的烹调方法。部分菜肴蒸制前还需要加盖或用皮纸封口。

2）成菜特点

形态完整、原汁原味、鲜嫩或熟软。

3）工艺流程

原料选择 → 加工处理 → 调味 → 蒸制 → 装盘成菜

①加工处理。旱蒸应选用新鲜无异味、具有熟软质感的原料；动物性原料洗干净后焯水，再加工成条、块、片状；水果、蔬菜要削皮或去核。

②调味蒸制。旱蒸的动物性原料除如咸烧白、灯笼鸡等需调制复合味后直接蒸制成菜外，大部分菜肴蒸熟后还需要辅助调味才能成菜，调味宜淡不宜浓。蒸制时应根据菜肴的具体要求，直接蒸制或加盖，或用猪网油盖面、皮纸封口，但均不加汤汁。

③装盘成菜。原料经旱蒸后，有的直接翻扣入盘成菜，如咸烧白、龙眼烧白等；有的要灌清汤或奶汤后上菜，如竹荪肝膏汤、带丝肘子等；有的菜品要淋糖液或撒白糖，如八宝瓤梨等；有的要淋味汁或配味碟，如姜汁中段、旱蒸脑花鱼等。

4）操作要领

①采用旱蒸的原料在焯水时，其成熟度要根据菜肴的质感来决定，一般鲜嫩质感的原料以紧皮为宜，软熟质感的原料以断生或熟透为宜。至于是否上色和上色的深浅，要根据菜肴需要的色泽决定。

②旱蒸菜肴需要灌汤、挂汁、淋味汁的，调味要准确，数量要恰当。

5）适用原料

鸡、鸭、鱼、猪肉和部分水果、蔬菜等。

6）代表菜

咸烧白、旱蒸姜汁中段等。

此外，为增加菜肴的清香味，也可用荷叶、艾叶、棕叶、竹叶、竹筒等将主料包裹起来蒸制，如荷叶米粉蒸肉、竹筒鸡等。还有一种旱蒸制法与清蒸相似，但它仅限于将加工的主料整齐地码入扣碗内，加汤和调料蒸制成菜，再倒扣盘内，然后将芡汁（或不用芡汁）浇淋在主料表面，如梅菜扣肉、冬菜扣肉等。

[思考与练习]

一、练习题

1. 成菜能保持原汁原味特点的汽烹技法是（　　）。

　A. 清蒸　　B. 滑炒　　C. 滑熘　　D. 软熘

2. 蒸的分类有哪些？

二、思考题

1. 结合相关菜肴，谈谈清蒸的工艺流程及操作要领。
2. 结合相关菜肴，谈谈旱蒸的工艺流程及操作要领。
3. 结合相关菜肴，谈谈粉蒸的工艺流程及操作要领。

三、活动实践、技能实训题

1. 根据所学知识进行汽烹法的练习，结合体验谈谈亲身体会。
2. 将自己的实践作品发到班级 QQ 群或微信群。

项目 4　其他烹调方法

[案例导入]

通过学习水烹法、油烹法、汽烹法，同学们基本完成了烹调方法的学习，结合市场情况，本项目将带领同学们走进其他烹调方法，让大家掌握目前市场上比较流行的非常规烹调方法，从而进一步加深对烹调方法的理解。

[任务布置]

理解其他烹调方法的概念及分类，明确其他烹调方法的成菜特点，掌握其他烹调方法的工艺流程，领会其他烹调方法的操作要领，弄清其他烹调方法所适用的原料，能举例说明其代表菜，通过理论的学习指导实践。

[任务实施]

7.4.1　电磁波烹法

1）概念

电磁波烹法是利用电磁波、远红外线、微波等热源，使主、配料成熟的成菜方法。

2）成菜特点

质感软嫩、软烂、酥烂，形态完整、原汁原味、味型各异。

3）工艺流程

原料选择 → 加工处理 → 码味 → 烤制 → 装盘成菜

4）操作要领

原料加热前应根据成菜的要求进行主、配料的选择及调味，合理调控加热时间和温度，以确保成菜的质量标准。

5）适用原料

以动物性原料为主，如猪肉、牛肉、羊肉及部分动物内脏等。

6）代表菜

烤肉串、烤鸡心等。

7.4.2　烤

烤是利用柴、炭、天然气等的燃烧或通过辐射产生的热能使原料成熟的烹调方法。烤可分为炉烤和烧烤。

1）炉烤

（1）概念

炉烤又称暗炉烤，是将原料挂在烤钩上或放入烤盘中，然后放入封闭的烤炉里烤制的成菜方法。烤箱烤制也属暗炉烤。此法的优点是温度稳定，原料受热均匀，烤制时间较短。一般生料多挂在烤钩上烤，半熟及带卤汁的原料多用烤盘。

（2）成菜特点

色泽美观、皮酥内嫩或内外软嫩、鲜香可口。

（3）工艺流程

原料选择 → 加工处理 → 码味 → 烤制 → 刀工处理 → 装盘成菜

（4）操作要领

①码味时间要足，基础味要准确。

②控制好火力，掌握好各种原料的烤制时间，注意成菜的颜色；饴糖的用量会影响色泽和口感。

③火力的大小要与原料的成熟度匹配，防止原料外皮烤焦而里面未成熟。

（5）适用原料

禽畜肉类、海产品等动物性原料和多数根茎、果实等植物性原料。

（6）代表菜

北京烤鸭等。

2）烧烤

（1）概念及分类

烧烤又称明炉烤，是指将原料用钎子（烤叉）串好，在敞口的火炉或火盆上烤制成熟，或放在烤盘（炙子）上反复烤制成熟的方法。烧烤可分为明烤、泥烤、竹烤、煎烤等。

①明烤。明烤是将原料用调味品腌渍后，放于敞口火炉、火坑或篝火上的铁架、铁栅上烤制成熟的一种方法。使用明烤法时，由于火力较集中，烤制时要勤翻动原料，使之受热均匀，还要掌握好距火的距离，保证其内外成熟一致。根据烤制工具不同，明烤又可分为叉烤、炙子烤和串烤三种，叉烤是将原料用铁钎、竹签或烤叉叉好，放在火上反复烤制，适用于烧烤整只鸡、鸭、整条鱼及大块肉等较大型的动物原料。

炙烤是将原料切薄或切成小块，放在火上的铁网或薄石板上边烤边食用的方法。如韩国烧烤、日式烧烤即为炙烤。另一种是串烤，指将小块原料用铁钎或竹签串起来，放在火上烤制，如新疆烤羊肉串等。明烤有直接烧烤和间接烧烤的区别。

②泥烤。泥烤是将鸡、鱼等原料经调味品腌渍后，用猪网油、荷叶等包好，再用黄泥将其裹紧密封，放在火中烤制的一种方法。泥烤火不可过大，且要勤翻动；煨烤时，如发现裂缝要马上用黄泥封好，防止烧及里面的原料，以致表皮焦枯。

③竹烤。竹烤又叫筒烤，是指将要烤制的原料，如肉、禽、蔬菜、米等放进竹筒中，密封后在火上将其烤至成熟的一种方法。注意要选择长度在 30 ~ 40 厘米，直径 10 厘米以上，

两头带竹节，且密封状况好的新鲜楠竹或毛竹筒，填入原料后一定要封严竹筒口，火不要太大，要不停翻动竹筒，使之受热均匀，烤熟后劈开竹筒取食，成菜原汁原味还带有竹子的清香。竹烤简单实用，富有情趣。

④煎烤。煎烤是指采用铁板、煎锅等进行煎制，利用食用油作为传热媒介将原料进行煎制，调味可以在烤制前、烤制中或烤制后进行，也可以在 3 个时段兼顾进行。

煎烤和明烤在于主要加入液体调味品，能使味汁渗入原料中，故煎烤菜肴风味多变，质地也更为酥软。

（2）成菜特点

色泽美观、外酥内嫩、香味浓郁。

（3）工艺流程

原料选择 → 刀工处理 → 码味 → 烤制 → 装盘或配味碟成菜

（4）操作要领

①码味时间要足，基础味要准确。

②要经常翻动原料，使其受热和上色均匀。

③火力的大小要与原料的成熟度匹配，防止原料外皮烤焦而里面未成熟。

④原料在烤制前必须进行适当的整理。动物性原料要进行码味处理或烫皮、涂饴糖上色、凉皮处理；部分还需要用猪网油、面粉、黄泥等包裹后再进行烤制。

（5）适用原料

乳猪、全羊、牛肉、猪方肉、鸡、鱼等大块或整型原料，墨鱼须、扇贝、羊肉串、鸡翅、茄子、韭菜、胡瓜、豆角等各种小型原料，以及多数根茎果实类植物性原料。

（6）代表菜

羊肉串、叉烧鸡、烤全鱼、串烤鸡串等。

7.4.3 拔丝

1）概念及分类

拔丝是将油炸后的小型原料粘裹上一层糖浆，夹起时可拔出糖丝的烹调方法。拔丝可分为油化糖、水化糖、水油混合化糖和干化糖法。

2）成菜特点

色泽晶莹、造型独特、外脆里嫩、香甜可口。

3）工艺流程

原料选择 → 刀工处理 → 挂糊、拍粉 → 炸制 → 熬糖汁 → 装盘 → 拔丝成菜

4）操作要领

①原料经刀工处理后要防止色泽褐变。

②不挂糊的原料直接入油锅炸至外表酥脆，捞出沥干油分，然后放入熬好的糖汁中黏糖拔丝。原料挂糊油炸时，要掌握好糊的干稀度，防止糊脱落，影响原料形态美观。同时要沥干原料的油分，使糖汁的黏性更强。

③复炸原料要与熬糖同步进行，保持原料的温度，增强蘸糖效果，保证拔丝菜肴的质感特色。

④熬糖时欠火或过火均不易出丝，故应防止翻砂和熬煳；原料放入糖浆中翻动裹匀后及时起锅入盘，增强拔丝效果。

⑤装盘时应在盛器表面抹上一层油脂或撒上白糖，防止粘盘。成菜后立即上桌食用，通过凉开水降温，才能保证菜肴香脆质感。

5）适用原料

水果、根茎类蔬菜、去骨的肉类及蛋类等原料。

6）代表菜

拔丝香蕉、拔丝土豆、拔丝红薯、拔丝苹果、拔丝元宵等。

7.4.4 挂霜

1）概念及分类

挂霜是将主料炸制（有的不炸制）后，撒上白糖或将炸好的主料放入糖溶液（糖加水熬制）中，裹匀糖溶液而成菜的烹调方法。挂霜可分为撒糖挂霜法、裹糖挂霜法等。

2）成菜特点

洁白似霜、松脆香甜。

3）工艺流程

原料选择 → 刀工处理 → 炸制 → 熬糖 → 挂霜 → 装盘成菜

4）操作要领

主料挂糊不宜过薄，浸炸时火力不要过大，避免颜色过深或煳壳、过硬，影响成菜质感。撒白糖（粉）或粘裹白糖（粉）要均匀。熬糖时宜用中火，防止糖液沸腾过猛，致锅边的糖液变色，成菜后失去洁白似霜的特点。锅中放入炸好的主料后，同时锅离火口，用手勺助翻散热，并使糖液与主料间相互摩擦，粘裹成霜。

5）适用原料

花生米、核桃仁等坚果类原料。

6）代表菜

糖粘花生仁、挂霜核桃仁等。

7.4.5 焗

1）概念及分类

焗是将整型或刀工处理后的原料经初步热处理后，以汤汁、蒸汽或盐为导热媒介，将腌渍的原料加热至熟而成菜的烹调方法。焗可分为砂锅焗、烤炉焗、盐焗等。

2）成菜特点

原汁原味、质感软嫩、本味浓郁。

3）工艺流程

原料选择 → 刀工处理 → 初步热处理 → 焗制 → 成菜装盘

4）操作要领

选用鲜嫩的原料，焗制前先在原料中加调料腌渍入味静置一段时间，再采用小火或微火进行加热。将主料置于汤汁中，焗制前，进行过油处理，过油时注意原料上色不能过深，焗制时随时转锅，防止原料糊锅。以小火或微火加热，采用中火收汁。原料形状较大的，如整鸡、排骨、乳鸽、鹌鹑等，焗制时间要长些；如含水量相对较大、体型小的原料，如龙虾、蟹等，焗制时间稍短。

5）适用原料

大部分动、植物性原料皆可。

6）代表菜

蚝油焗乳鸽、香焗南瓜、焗凤翅等。

[思考与练习]

一、练习题

1. 拔丝菜制作的关键是（　　）。

A. 过油　　B. 熬糖　　C. 挂糊　　D. 装盘

2. 拔丝菜的熬糖方法主要有（　　）种。

A. 2　　B. 3　　C. 4　　D. 5

3. 拔丝香蕉的制作工艺与拔丝土豆的（　　）。

A. 完全相同　　B. 基本相同　　C. 完全不同

4. 结合相关菜肴，谈谈拔丝的工艺流程及操作要领。

5. 结合相关菜肴，谈谈挂霜的工艺流程及操作要领。

6. 烤的分类有哪些？

二、思考题

1. 试述炉烤的操作要领。

2. 简述烧烤的操作要领。

3. 结合所学知识，分析在烤制过程中如何将烹制方法与营养进行有机结合。

三、活动实践、技能实训题

1. 根据所学知识进行其他烹调方法的练习，结合体验谈谈亲身体会。

2. 根据所学知识，通过网络、报纸、杂志等途径收集、分析在烤制时如何减少原料营养素的损失。

3. 将自己的实践作品发到班级 QQ 群或微信群。

模块 8

制 汤

[模块导学]

“唱戏的腔、厨师的汤。”在中式烹饪中，汤占有非常重要的地位。制汤是菜肴调鲜最主要也是使用频率最高的技术手段。汤作为制作菜肴的重要辅助原料，在形成菜肴风味特色、制作高档菜肴等方面有着不可替代的地位和作用，因此制汤是烹调技术中非常重要的基本知识之一。

[教学目标]

【知识教学目标】

1. 了解制汤的意义、高汤的常见用途。
2. 熟悉高汤的分类。
3. 掌握制汤的原理和制作要领。

【能力培养目标】

1. 通晓制汤原料的性质和特点，能根据高汤的质量要求正确选用各种原料。
2. 根据制汤的原理和操作要领，调制常见高汤的品种。

【职业情感目标】

1. 通过学习高汤在烹饪中的重要性，重视高汤在今后工作中的运用。
2. 能有意识地运用高汤来提高菜肴风味。

[案例导入]

在日常生活中，人们的餐桌上经常会见到各种各样的汤，或口味清鲜或鲜醇味浓或香气诱人，深受大众的喜爱。在专业操作中，通过特定方法制作的汤，不仅本身味道鲜美，而且能极大地提升菜肴的口味和档次，制汤是菜肴制作中调味的常用手段之一。高汤，在中国菜肴制作中占有非常重要的地位。

[任务布置]

高汤在烹调工艺制作中非常重要，并且随着社会的发展，高汤的运用范围还会继续扩大。本模块教学的主要任务是：高汤是如何制作的？高汤适用于哪些菜肴？高汤有哪些种类？哪些原料适合制汤？制作高汤的要领有哪些？

[任务实施]

项目 1　制汤的意义、高汤的作用和分类

8.1.1　制汤的意义

制汤又叫调汤，是指将富含蛋白质、脂肪等呈鲜物质的新鲜动植物性烹饪原料，配上一定比例的水，以小火长时间加热，使原料中的呈鲜物质及营养成分最大限度地溶于水中，成为营养丰富、香醇鲜美的汤汁的制作工艺，制作出来的汤汁统称“高汤”。

8.1.2　高汤的用途

1）常用增鲜剂

19 世纪以前，现代增鲜调味料未传入中国，中餐烹调的增鲜手段就是用高汤。在烹制菜肴时，根据需要加入适量的高汤，就能使菜肴鲜味增加。这种增鲜方式现在仍然是中式烹调常用的增鲜手法。

2）充当主味

某些高档菜肴，主料虽然名贵，但本身基本是无味的，如水发鱼翅、水发海参等，在制作时，就需要用高汤来体现其鲜美的味道，这类菜肴基本上就是呈现高汤的鲜美。

3）基础味汤

一些地方特色菜肴，制作时喜欢调制一些特色鲜明的味汁来展现其特殊的风味，如鲍汁、金汤、酸汤，以及各种名目的“秘制味汁”，这些味汁无一例外都是用高汤作为基础味汤，再加上各种配方的调料调制而成的。这些味汁极大地丰富了中国菜的味型。

4）直接成菜

制作特色汤菜类菜肴时，常常需要用高汤作为原料之一，高汤有时也充当主料。这类菜肴，高汤往往是主要食用内容之一，如奶汤鲫鱼、大煮干丝、奶汁肥王鱼等。

8.1.3　汤的分类

①按制汤原料的性质区分，汤可分为荤汤、素汤。按原料品种分，荤汤常见有鸡汤、鸭汤、猪骨汤、牛肉汤、羊肉汤、鱼汤、海鲜汤等；素汤常见有菌汤、笋汤、黄豆芽汤等。

②按汤汁的色泽区分，汤可分为清汤和奶汤。清汤汤色清澈、透明，按档次可分为普通清汤和高级清汤；奶汤，汤色奶白、浓厚，按档次可分为普通奶汤（毛汤）和高级奶汤。

项目 2　制汤的原理

将原料和水按一定的比例，运用恰当的火候和制作手法，即可形成香鲜味美的高汤，在这个过程中，产生了许多物理变化和化学变化。因此，要制好高汤，就必须了解高汤制作的原理，掌握制汤过程中的变化情况和工艺流程。

8.2.1　高汤形成原理

调制高汤时，在水中加入了富含蛋白质、脂肪的原料，在长时间加热过程中，这些有效成分就会溶入水中而呈现出鲜美的味道。呈鲜物质主要来源于氨基酸类、核苷酸类和有机酸类，这些呈鲜物质大量存在于上述原料中，并且根据“鲜味相乘”的原理，两种或两种以上的鲜味物质混合，鲜味会成倍地增长。同时，制汤时，加水量是有一定控制的，一般原料和的水比例是 1∶3 ～ 1∶3.5，这样能保证溶入水的有效成分有一定的浓度，使汤味呈现鲜美的口味；在调制时，制作手法和火力的变化，会使高汤成为奶汤或清汤。

8.2.2 奶汤制作原理

奶汤，汤色奶白，根据制作的原料和手法不同，汤色的奶白程度、浓稠度是不一样的。在调制奶汤时，火力要大一点，使汤始终保持沸腾状态，这样，汤色就会呈奶白色，这主要是因为脂肪的乳化作用。脂肪乳化作用的产生必须具备两个条件：一是水的沸腾产生振荡力，在振荡力作用下，溶于水中的脂肪形成细滴状，均匀分布于水中呈现奶白色的乳浊液；其二，乳浊液是不稳定的，汤一旦停止沸腾，由于油的密度比水小，就会上浮而形成上下两层，因此，必须加入能使乳浊液稳定的乳化剂。在动物骨髓中含有丰富的乳化剂，因此，制作奶汤时，一定要加入动物骨骼，这样，动物骨骼中丰富的乳化剂就能使奶汤的奶白色状态较长时间地维持下去，从而保障奶汤的品质。另外，制作奶汤时，还要加入一定量的富含胶原蛋白的物质，如动物骨骼、肉皮、猪蹄髈、猪脚等，因为胶原蛋白能水解生成溶于水的明胶，使汤汁变得更黏稠、更浓厚，提高了汤的品质。

8.2.3 清汤制作原理

清汤，其主要特点就是汤色透明。在制作清汤时，使用的原料与奶汤相比要简单一些，主要选用老母鸡、牛肉等。调制时，其呈鲜机理是一样的，不同的是火力要小些，只能用微火，且始终保持汤面不沸腾，只能间隔冒小水泡，俗称“鱼眼泡”，就像鱼在水里吐泡的样子，因为一旦汤面沸腾就会发生乳化作用，使汤色浑浊。为提高汤色的透明度，制好的清汤需要进行提纯工序，因为普通清汤中混有一些未被水溶解的微小颗粒，影响清汤的成色，提纯的目的就是去除这些微小颗粒，使汤色更加清澈透明。提纯的原理，主要是利用蛋白质在加热过程中会产生较强的吸附作用和凝絮效果。提纯时，可使用剁成蓉状的鸡胸肉或猪瘦肉，这样蛋白质充分暴露，可提高吸附作用和凝絮效果，具体操作是：肉蓉用水澥开成糊状，均匀分布在汤中，慢慢加热，注意保持汤不沸腾。这样，肉蓉受热时一方面不断吸附汤中的微小颗粒；另一方面，肉蓉会慢慢变成凝絮状，由于其结构松散，密度比水小而上浮，在上浮过程中，又进一步吸附汤中的各种悬浮物，同时肉蓉中的部分蛋白质也会溶入汤中，使汤的鲜味更浓，凝絮状的肉蓉浮出水面后，可将其撇去，汤色就比较清澈了。如果对汤的透明度要求更高，可再进行一次提纯，清汤的品质会更好。

项目3　高汤制作要领

8.3.1　原料的选用

1）根据高汤的质量要求有针对性地选择原料

高汤的品质要求决定原料的选择，如奶汤必须加入一定量的动物骨骼以保持汤色的奶白程度；如果是高级奶汤，不仅要求原料呈鲜的有效成分要充足，还要加入富含胶原蛋白的原料，这样才能保证汤汁鲜美并有一定的浓稠度。普通奶汤对原料要求不高，加入一定量的动物骨头就符合要求了。清汤对原料的要求基本上限于老母鸡、纯瘦肉等鲜味足、异味少的原料，不需要太复杂，否则会使清汤的清澈程度受到影响。

2）原材料一定要新鲜

烹饪原材料，尤其是动物类原料，如果放置时间长，其品质就会下降。一般来说，在屠宰动物放血之后，肉就会受到各种微生物、化学和物理因素的作用，进入腐败变质过程。其中以微生物引起的腐败最为普遍。因此，原料的新鲜度决定了原料所含的呈鲜有效成分的量。

8.3.2　技术要领

1）掌握好水与原料的比例

水与原料的比例合理，才能使汤汁有理想的浓度，保证汤的鲜美程度。水量大则味淡，水量少则味腻。

2）荤汤类制作，原料应在冷水时下锅，水量一次性加足

动物类原料富含蛋白质，而蛋白质遇热会变性凝固，原料如果沸水下锅，表面的蛋白质会快速凝固，就像在表面穿上一层“衣服”一样，内部的各种营养和呈鲜有效成分的溶出就会受阻，减少了溶入汤中的有效成分的数量而影响汤的鲜美程度。同时，水量要一次性加足，中途不能加冷水，因为加入冷水会使温度下降，原来已疏松的肌肉组织遇冷表面会有一定的收缩，同时会影响内部各种有效成分的溶出，而且中途加水会影响汤的结构，造成各种有效成分在汤中分布不均匀而影响汤的品质。

3）火候的控制

制汤的火候非常关键，直接决定汤的质量，根据高汤品种的不同，火候的运用是不一样的。以荤汤为例，调制奶汤和清汤的第一个步骤，都是撇去浮沫以去除异味，但两者有小差别：煮沸清汤的火力比奶汤的要小，时间要短，以减少振荡防止汤色变浑。调制奶汤和清汤的第二个步骤是使两者的火力差别较大：奶汤要保持中小火力以维持汤面沸腾，最终形成乳

白色奶汤，但火力不能过大，否则会使水分过度挥发而影响汤的质量。清汤则只能使用微小火力，不能沸腾，以保证汤色清澈。

4）适时撇去浮沫

制汤过程中，随着温度的升高，汤接近沸点时，原料的血红蛋白已充分溶出呈凝固状并且吸附了大量的腥味物质，形成所谓的“浮沫”，这时原料中的脂肪溶出较少，应赶紧撇去浮沫，一方面可防止汤汁浑浊，另一方面此时脂肪的损失最低，可防止香气流失。

5）提纯的操作要领

提纯时用肉蓉加葱姜水、蛋清调成糊状，行业内称为“臊子”，臊子有白臊和红臊之分，前者使用鸡胸肉为原料，呈白色；后者使用猪肉、牛肉或鸡腿肉，稍显红色。均匀分散轻轻地下锅，用手勺顺时针慢慢搅动，这样，臊子与汤的接触面积最大，凝固速度较慢，吸附效果最强，能最大限度地吸附汤中的微小颗粒，达到最大的提纯效果。

6）正确使用调料

制汤时，需要放一些葱、姜、料酒等增香去腥的调料，葱、生姜含有挥发性芳香物质，有去腥功效，料酒中的乙醇能溶解有腥臭味的胺类物质，在水汤沸腾时加入，异味会随着热量大量地挥发而起到最佳去异味的作用；提纯时，加少量的盐能提高提纯的效果，但放的时机很重要，应在放臊子之前加入，使汤汁中的悬浮物加速凝结，加强臊子的吸附效果。

项目 4　高汤制作方法

8.4.1　常见荤汤的制作

普通白汤

1）荤白汤（奶汤）的制作

（1）普通白汤

普通白汤常用于一般菜肴的调味，制作简单、要求较低。制作时，先将洗净的动物骨架焯水，冷水下锅，放入葱、姜、料酒去腥，撇去浮沫，转中小火、加盖保持汤的沸腾状态 2 ~ 3 小时，直至汤汁呈奶白色。调制过的动物骨架还可以捞出加水继续制作一次白汤，也有些酒店在调好第一次白汤后，不捞出动物骨架，而是将汤锅放在小火上保温，原汤直接用来调味，随着汤量的减少，不断地续水和加入动物骨架并继续调制，以保证高汤能满足当天的使用量，而不必重新制作，使用比较方便。

高级奶汤

（2）高级奶汤

高级奶汤多用于高级菜肴和特色菜肴制作，功能较多，制作较复杂，并有特定的质量要求。首先，原料要选用新鲜、鲜味足、异味少的动物性原料，常用的有鸡、鸭、鲫鱼、动物骨架、猪肘、猪蹄髈、火腿、干贝、海米等，对汤品质的要求不同，对原料品种和组成比例各不相同。选好原料，处理和清洗干净后，先焯水，冷水下锅，放入姜、葱，原料和水的比例为 1 ∶ 3 ~ 1 ∶ 3.5，大火烧开，再加入料酒去腥，撇去浮沫，转中小火加盖保持沸腾 3 个小时至汤色为奶白色并有一定的浓稠度，用细网筛滤去杂质即可，制成的汤汁量一般是汤料的 1.5 倍。调制过的原料，可用来制作普通白汤。

（3）鱼白汤

鱼白汤一般只限于水产类菜肴的调味和制作使用，尤其是制作江鲜类菜肴时使用最多。其常规做法是：选用小鲫鱼，处理干净后，先用菜籽油将其两面煎黄，烹入料酒，放入葱、姜、开水，一般比例是 1 ∶ 3，大火烧开，撇去浮沫，转中火调制 1 ~ 1.5 小时，火力比其他奶汤制作要大。也有制作时待鱼煎黄后用手勺将鱼压碎再加开水，其出味效果更佳。调好后的鱼汤要用细筛网和纱布分别过滤一遍，成品鱼汤是鱼的 1.5 ~ 2 倍。

鱼白汤

2）荤清汤的制作

（1）普通清汤

普通清汤多用于较高档次的菜肴的调味或直接作为菜肴原料，对汤的质量要求比较高。制作时，原料的选用以老母鸡（鸭）、牛瘦肉、猪瘦肉等为主，而且根据汤的用途，每种清汤在调制时主料只用其中的一种，如鸡清汤、牛清汤等，可以加入适量的动物骨架辅助。将原料洗净，鸡（鸭）可用沸水淋一下去除部分腥味，猪肉、牛肉可切成大块然后焯水洗净，与冷水一起下锅，原料与水的比例不超过 1 ∶ 2，大火烧开，快速转为微小火，放入葱、姜、料酒，撇去浮沫，加盖，汤面始终控制在沸而不腾的状态，调制 3 ~ 4 个小时后，去原料，将汤用细筛网滤去杂质或用臊子提纯一次。

普通清汤

（2）高级清汤

高级清汤实际上就是在普通清汤的基础上再次或多次提纯，以提高汤色的透明度，使清汤更加清澈。高级清汤主要运用于高档菜肴、特色菜肴，尤其是对菜肴出品要求很高的菜肴的制作和调味。

高级清汤

8.4.2 常见素汤的制作

素汤，指用植物性原料制作的鲜汤，一般选用富含植物蛋白质、植物脂肪的植物性原料制作，如黄豆、黄豆芽、冬笋、玉兰片和菌类中的香菇、花菇、口蘑、榛蘑、竹荪等。素汤分素清汤和素白汤两种，其原理与荤汤基本一致，但制作手法有一些区别。因为原料本身性质不同，素汤在火候运用上比荤汤要大一些，在制作时间上，要比荤汤短。素汤常用于素菜、寺院斋菜的制作，味道鲜美又无油腻味，很受欢迎。

（1）菌王汤

选用鲜味足的多种菌类（至少有 4 种），以干制品为佳。根据口味习惯和物产的不同，制汤时选择的品种也不尽相同，常用的品种有草菇、鸡腿菇、金针菇、牛肝菌、口蘑、松菇、花菇等。将各种菇类洗净去净杂质、泥沙，用适量清水浸泡 3 小时以上，将组配好的菇类、浸泡原汁一起放入锅内，大火烧开，转小火加盖保持沸腾状态调制 2 ~ 3 小时，捞出原料，用细筛网滤去杂质即可。

（2）素清汤（素什汤）

选用冬笋、香菇蒂（水发）、黄豆芽等原料洗净，与冷水一道下锅，原料与水的比例为 1 ：2，大火烧开速转微小火，加盖保持沸而不腾状态 3 小时，捞去原料，过滤汤汁去掉杂质即成。素什汤清鲜爽口，汤色清澈。

（3）黄豆芽汤

掐去黄豆芽根部，漂去豆皮，洗净，锅放大火上，加菜籽油烧至五六成热，放黄豆芽煸炒至出水回软，加入清水，黄豆芽与水的比例为 1 ：2，大火烧开后加盖，火力略小，使汤面保持较大幅度的沸腾，调制汤色呈浓白色、汤量剩六成时，用纱布过滤后即成。黄豆芽汤味鲜醇厚、色白汤浓。

（4）口蘑汤

将口蘑洗净泥沙杂质，放入开水中焖发至透，把泡口蘑的原汁静置，待其澄清后与口蘑一起放入锅内，加入清水，口蘑与水的比例为 1 ：2，用大火烧开后，快速转微小火，加盖保持沸而不腾的状态调制 3 小时，用纱布过滤后即成。口蘑汤汤色透明、鲜醇香浓。

（5）冬笋汤

选用新鲜质嫩的冬笋，去除老根，取净肉，切片后，锅内放菜籽油用大火烧至五成热，下冬笋片反复煸透，加入清水，冬笋与水的比例为 1 ：2.5，将其用大火烧开转小火，加盖，保持沸腾状态 1 小时，用纱布过滤后即成。冬笋汤鲜浓味美，具有独特的清香。

8.4.3 常见特色高汤的制作

1）金汤

（1）南瓜金汤

南瓜金汤是特色高汤之一，在高汤的基础上再次加工而成，口味鲜甜回咸。

将成熟南瓜蒸透，制成泥状（过细筛，保证泥质细腻无颗粒），加入高汤，用小火熬制 3 分钟即可。汤汁浓度可根据菜肴要求调整，一般浓度较高可用于浇汁，浓度较低常用于菜肴底汤。

（2）黄灯笼辣椒酱金汤

黄灯笼辣椒酱金汤是特色高汤之一，口味酸鲜爽辣。

先把姜末、葱结、蒜泥炒香，再倒入海南黄灯笼辣椒酱炒匀，加入毛汤成稀米汤状，烧开，可根据各地习惯和口味要求，适当加入泡山椒、小米椒、胡椒粉、南瓜泥以增加风味和颜色。黄灯笼辣椒酱非常适合作菜肴的底汤，如金汤虾球、金汤脆肚等。

2）酸汤

酸汤是特色高汤之一，由贵州酸汤演变、发展而来。贵州酸汤发源于贵州凯里地区，用热米汤自然发酵而成，原为当地特色苗家菜肴，后因其口味鲜香辣爽、酸味醇正无刺激感、令人胃口大开而广受欢迎。

（1）白酸汤

煮开的淘米水（最好用糯米第一遍淘米水）密封，常温下经四五天发酵，汤开始变酸后，每天加一小碗米汤（煮饭刚开的米汤，要保持清澈；也可以用煮面条的清汤，效果更好），一般一个星期即成白酸汤。白酸汤一般用陶器盛放，不能接触油腥。

（2）红酸汤

用洗净晾干的西红柿，加盐、白酒，比例为 10 ∶ 1 ∶ 0.5，加入切碎的仔姜、大蒜、红辣椒，搅拌成糊状，装入洗净、消毒的陶器内（不能有生水、油），放置在阴凉、通风处发酵一个月左右即可。另外，红酸汤还有一种简易做法，就是用白酸汤做底汤，加红油、剁椒、姜、蒜调和，但风味、色度略微逊色。

3）鲍汁

鲍汁是特色高汤之一，在高汤的基础上再次加工而成。鲍汁鲜醇香滑，色泽金黄，多用于高档菜肴浇汁。

一般情况下，鲍汁是一次性大量制作，置于冰箱（−2 ℃）较长时间保存，便于以后使用。

（1）底汤制作

选用新鲜的老母鸡一只、老鸭一只、猪大骨、猪皮、火腿（二腕）、少量甲鱼裙边、干贝等作原料，原料与水的比例为 1 ∶ 5。原料洗净剁成块，放入冷水锅焯水后，小火熬制 6 小时，用鸡蓉提纯即成底汤。

（2）调制

底汤置于中小火上，放香料包（干姜、洋葱、香葱、香菜等）煮 10 分钟左右，加红曲米汁、紫草汁、鱼露、蚝油、老抽、冰糖调色，撇去浮沫，用湿淀粉勾米汤芡，冷却后放入冰箱保存。

项目 5　制汤实例

实例 1　荤奶汤

原料：鸡、鸭骨架各 1 000 克，猪肘 1 000 克，猪大骨、火腿（包括大骨）各 500 克，清水 5 000 克。

调料：小葱 100 克，生姜 50 克，料酒 50 克。

制作过程：

①原料处理：猪肘、火腿用刀刮净皮层的毛、污垢后洗净，猪肘切成长条，用沸水锅快速焯一下，将鸡、鸭骨架和猪大骨洗净，猪大骨用刀斩断待用，葱洗净打成葱结，生姜洗净用刀拍散。

②调制：取汤锅一只，将猪大骨、骨架垫底，放入火腿和猪肘，加入清水，用大火烧开，烹入料酒，放入葱结、姜块，撇去浮沫，加盖转中小火保持汤面沸腾 3 小时，待汤汁呈乳白色浓稠状时，将锅离火，捞出原料以作他用，汤汁用纱布滤去碎渣即成。

实例 2　鸡清汤

原料：老母鸡、鸭各一只（共 2 500 克），猪小排 500 克，猪大骨 500 克，清水 7 000 克，红、白臊子各一份。

调料：葱 10 克，葱、姜各 5 克，料酒 50 克。

制作过程：

①原料处理：原料初加工后洗净，下沸水锅里焯水捞出洗净；葱、姜洗净，葱打成结、姜拍散。

②调制：将原料与清水一同下锅，大火烧至将沸时，撇去浮沫，烹入料酒，下葱结、姜，转微小火，加盖保持沸而不腾状态（汤面间隔冒“鱼眼泡”）3 小时，捞出原料以作他用。汤汁用细筛网过滤一遍，再将汤汁倒入汤锅中，放置在小火眼上加热，继续保持沸而不腾状态。用红、白臊子分别提纯一次，端离火眼，捞出臊子，洗去臊子表面吸附物，用纱布包好拍松，放入汤中，以便臊子中的呈鲜有效成分继续溶入汤中，提高清汤的鲜美程度。

说明：

①实例为操作课，可选择上述内容或根据本地餐饮实际情况另行选择调汤品种。

②本节操作课原则上以教师示范的形式完成。

③本实例操作重点在于让学生在理解制汤原理的基础上，了解和正确掌握制汤的操作流程、制作关键等内容。因此，理论讲述后要让学生分组进行讨论，让学生进一步对制汤的各个学习内容加深了解，然后教师对各组讨论的结果进行点评，统一认识。操作结束后，让学生对成品进行初步评判，了解学生对制汤知识的掌握程度，最后，教师进行总结，使学生巩固学到的知识。

[思考与练习]

一、练习题

1. 制汤的意义是什么？
2. 高汤有哪些种类？
3. 高汤有哪些用途？
4. 奶汤的制作原理是什么？
5. 在调汤操作时，要掌握哪些技术要领？

二、思考题

1. 普通荤白汤与高级荤白汤有何不同？
2. 试分析普通荤清汤与高级荤清汤的异同。
3. 如何理解控制水量对高汤质量的影响。

三、活动实践、技能实训题

1. 观察家庭平常制作的汤并进行记录，写出分析报告。
2. 利用节日，自己制作一款汤，并请家长做出评价。

模块 9

热菜装盘

[模块导学]

通过学习热菜的基本装盘要求，了解盛器的种类和用途，掌握盛器与菜肴的搭配原则，达到中式烹调师初、中级技能标准，符合中式烹调师岗位需求。

[教学目标]

【知识教学目标】

1. 了解基本盛器的功能及作用。
2. 熟悉盛器与菜肴的搭配原则。
3. 熟悉基本装盘的要求。

【能力培养目标】

1. 能运用基本盛器。
2. 能选择适当的盛器搭配菜肴。

【职业情感目标】

1. 正确认识盛器的实用性，调整心态，增强对本专业的情感。
2. 激发学习兴趣，引起学习动机，明确学习目的，进入学习情境。

[案例导入]

家庭与酒店的菜肴比较，给人最直观的印象就是酒店的菜肴要好看得多，这不只是盛器的差异，关键在于菜肴的装盘技术。菜肴制作得好，除了要有适宜的盛器搭配外，还要有高超的装盘技术，使盛器与菜肴有机地组合，完美地体现菜肴的美感。

[任务布置]

了解热菜装盘的基本要求、盛器的种类和用途以及盛器与菜肴的搭配原则，学会对菜肴与盛器进行完美组合。

[任务实施]

项目 1　热菜装盘的基本要求

9.1.1　注意清洁卫生

菜肴装盘时注意清洁，讲究卫生，这是最基本的要求。烹调好的菜肴已消毒杀菌，如果盛装时不注意清洁卫生，让细菌或灰尘沾到菜肴上，就失去了烹调时杀菌消毒的意义。因此，菜肴必须装在经过消毒的盛器内；手指不可直接接触成熟的菜肴；在盛装时不可用手勺敲锅，锅底不可接触盛器边缘，更不应用抹布擦拭盛器边缘。

9.1.2　菜肴要装得形态丰满、整齐美观、主料突出

菜肴应该装得饱满丰润，不可这边高，那边低，要突出主料。如果菜肴中既有主料又有辅料，则主料要装得突出、醒目，不可被辅料掩盖，辅料对主料起衬托作用。如青椒肉丝，

盛装后应让人看到盘中肉丝很多。如果盛装时让青椒掩盖了肉丝，就喧宾夺主了。即使是单一原料的菜，也应当注意突出重点。如红烧牛肉，虽然盘中都是牛肉，但要把大块牛肉放在上面，以增加饱满、丰富之感。

9.1.3 要注意菜肴色和形的搭配

盛装时还应注意菜肴的色和形的和谐美观，运用装盘技术将原料排列成适当的形状，同时注意主辅料的配合，使菜肴在盘中色彩鲜艳、形态美观。总体上，色彩不宜过多，以能突出主料为原则，形状上以整齐、均匀为主，特殊成型的菜肴要体现艺术感，要有突出、美化主料形态的效果。例如：成都蛋汤应在碗中放些绿色小菜心；油爆虾应整齐堆列在盘中央；南乳肉应装在盘的正中间，四周或两头用绿叶菜围边，使其色泽更加鲜艳。

9.1.4 一次完成菜肴的分装

如果一批菜肴要分装 10 盘，那么每盘菜装的分量应相差不多，还应一次完成。如果因有的装得多，有的装得少而重新分配，一定会影响菜肴的美观而且破坏其形态及装盘的速度。

9.1.5 要熟练、快速、流畅地盛装菜品

快速盛装菜品，能体现中式菜肴即烹即食、趁热品味的特点，否则会影响菜肴的色、香、味、形等多方面的质量。

项目 2 盛器的种类和用途

菜肴装盘时所用的盛器式样很多，形状、大小不一，且在使用上各地也有所不同，但总的原则是要追求协调和美观。常见盛器有以下几种。

1）腰盘（长盘或鱼盘）

腰盘（长盘或鱼盘）呈椭圆形，大小不一，最小的长轴 5.5 英寸（餐具应用英制单位，1 英寸＝2.54 厘米），最大的长轴 21 英寸，小的可作例盘，大的多盛鸡、鸭、鱼等及作宴席冷盘之用。

2）圆盘（平盘）

圆盘是扁平的圆形盛器，规格也不一，直径一般在 4 ～ 20 英寸，主要用于盛装热菜、冷菜和各种点心。

3）汤盘

汤盘比平盘深一点，规格众多，大汤盘直径可达 16 英寸。汤盘主要盛羹、烩等菜肴。

4）汤碗

汤碗主要用于盛汤，一般直径为 2 ～ 16 英寸。另外还有一种带盖的汤碗，叫作“瓷品

锅”，用于盛装整鸡、整鸭等制作的汤菜，如清炖狼山鸡等。

5）扣碗

扣碗专用于盛扣肉、扣鸡、扣鸭等，直径一般为 5 ～ 8 英寸。另外还有一种扣钵，一般用来盛全鸡、全鸭、全蹄等。

6）砂锅

砂锅既是加热炊具，又是盛器，适用于炖、焖、煨等用小火加热的方法。原料成熟后，就用砂锅上桌，保温性能较好，故多在冬天使用。其规格不一，大砂锅直径可达 12 英寸，中等砂锅直径达 7 ～ 9 英寸，小砂锅直径达 4.5 英寸。还有一种砂锅，直径只有 2 英寸左右，外表有图案，式样新奇，制作精细，一般用于盛装高档筵席中的名贵菜肴，如金汤鱼翅、清汤燕窝等。

7）火锅

火锅有用铜、锡、铝制成的，也有用陶制成的，圆形，中央有一个小炉膛，可放炭（或固体燃料），锅体在炉膛四周。还有一种“菊锅”，以酒精为燃料，四面出火，火力较强，可以将生原料放入锅中烫，边烫边吃。

8）汽锅

汽锅的式样古朴、特殊，是一种陶瓷蒸锅，外形扁圆，锅中心有一塔形的空心管子，从锅底通至上面接近盖子。蒸制原料时，先将原料改切成块放入锅内，再加调味品、水，然后盖上盖子，把汽锅放在一口盛水的锅上，水沸后，蒸汽从空心管子冲入汽锅，将原料蒸熟。制品质感酥香，汤汁澄清鲜醇。汽锅的规格有五六种之多，大的直径 9 英寸左右，小的直径 4 ～ 5 英寸，甚至更小。

9）特色器皿

（1）与烹调方法结合运用的铁板、吊锅、石锅、煲等既有装盘功能，又有一定的装饰烹调效果的器皿。

（2）一些象形盘或形态不规则的盛器，如把器皿加工成蟹形、菜叶形、四方形、六角形等，颜色较多。这类器皿多用于特色、专用菜肴 。

（3）用金、银、玻璃、竹、木制成的工艺器皿等。这类器皿多用于盛装高档菜肴和地方特色菜肴。

特色器皿对菜肴来说是一种特殊的装饰，既美观又高雅，具有很强的艺术感染力。但在实际使用时，数量不宜过多，一般盛装菜肴还是以常规器皿为主。

项目 3　盛器与菜肴的搭配原则

菜肴成品要用不同的盛器装盛才能上席食用。不同的盛器对菜肴有着不同的作用和影响。一盘菜肴如果用合适的盛器装盛，可以将菜肴衬托得更加美观，给人赏心悦目的感受，使人胃口大开。因此要特别注重菜肴与盛器的搭配，其一般原则如下。

1）盛器的大小应与菜肴的量相适应

量多的菜肴应用较大的盛器，量少的菜肴应用较小的盛器。如果把量少的菜肴装在大盘、大碗内，就显得分量较少；把量多的菜肴装在小盘、小碗内，菜肴就会在盛器中堆积得很满，甚至溢出汤汁，不但给人臃肿之感，而且还会让人觉得菜肴不卫生。一般情况下，菜肴不能装到盘边，应装在盘的心圈内；菜肴体积应占盛器容积的 80% ~ 90%，汤汁不要超过盛器边缘。

2）盛器的品种应当与菜肴的品种相配合

盛器的品种很多，各有各的用途，但必须用得恰当，如果随便乱用，不仅有损美观，而且还会造成菜肴食用不便。如一般的炒菜、冷菜都宜用腰盘、圆盘；整条鱼宜用腰盘；烩菜及一些带汤汁的菜肴（如大煮干丝、芙蓉蹄筋等）宜用汤盘；汤菜宜用汤碗；砂锅菜宜将原砂锅上席；全鸡、全鸭菜肴宜用瓷品锅等。

3）盛器的色彩应与菜肴的色彩相协调

盛器的色彩如果与菜肴的色彩搭配得当，就能把菜肴的色彩衬托得更加鲜明美观。当然，洁白的盛器对大多数菜肴都是适用的。但是，有些菜肴如用带有彩色图案的盛器来盛装，就更能衬托菜肴的特色。例如，糟熘鱼片、芙蓉鸡片等装在白色的盘中，色彩就显得单调，假如装在带有淡绿色或淡红色花边的盘中，就显得鲜明欢快了。

4）盛器的品质要与菜肴的价值相配合

普通菜肴用一般的器皿盛装就可以了，高档菜肴应当用高档的盛器盛装，地方特色菜肴选用能体现地方特点的器皿搭配。这样，菜肴和器皿就显得和谐一致、浑然一体，菜肴特色也更加鲜明。

5）盛器与盛器要协调统一

一桌宴席或便餐，盛器的大小、颜色、品质要相称。特别是高档宴席要用整套盛器来盛装菜肴，从而体现协调统一的美。

[思考与练习]

一、练习题

1. 举例说明盛器的大小应与菜肴的量相适应。
2. 装盘要掌握哪几项要求？
3. 常见盛器的种类和用途有哪些？

二、思考题

说说你对装盘中卫生的重要性的认识。

三、活动实践、技能实训题

选择一个常见菜肴，如红烧肉，比较酒店与家庭的装盘效果有何区别？

参考文献

［1］潘英俊．粤厨宝典：厨园篇［M］．广州：广东科技出版社，2019.

［2］黄明超．粤菜烹饪教程［M］．北京：中国轻工业出版社，2003.

［3］劳动和社会保障部教材办公室．中式烹调师（中级）［M］．北京：中国劳动社会保障出版社，2019.

［4］杨铭铎．餐饮概论［M］．北京：科学出版社，2008.

［5］邵建华．中式烹调师（高级）［M］．北京：中国劳动社会保障出版社，2005.

［6］冯玉珠．烹调工艺学［M］．4 版．北京：中国轻工业出版社，2014.

［7］邵志明．中式烹调技艺［M］．北京：中国旅游出版社，2021.

［8］人力资源社会保障部教材办公室．烹饪基础知识［M］．北京：中国劳动社会保障出版社，2020.

［9］陈苏华．烹饪工艺学［M］．南京：东南大学出版社，2008.

［10］周世忠．烹饪工艺［M］．成都：西南交通大学出版社，2012.

［11］周妙林．中餐烹调技术［M］．北京：高等教育出版社，2004.